Hans-Heinrich Vogt · **Chemie 2**

Fundamente des praktischen Wissens

Herausgegeben von
Theodor Müller-Alfeld

Hans-Heinrich Vogt

Chemie 2
Organisch

Südwest Verlag München

Bildnachweis

Badische Anilin- & Soda-Fabrik AG, Ludwigshafen: Seiten 143 oben (Werkfoto), 143 unten (Foto Lossen – freigegeben durch das Innenministerium Baden Württemberg/Freigabe-Nr. 10/777)

Cassella Farbwerke Mainkur AG, Frankfurt/M.-Frechenheim: Seite 87 unten (Foto Schleiss, Heusenstamm)

Deutsche Presse Agentur GmbH, Frankfurt/M.: Seiten 71, 72 oben u. unten, 73, 95, 96 oben

Deutsche Shell AG, Hamburg: Seite 51 (Shell-Foto)

Deutsches Museum, München, (Fotos Deutsches Museum): Seiten 117, 119, 122 links u. rechts, 124 links u. rechts, 125, 130, 135, 142 links u. rechts, 145

Dr. Wolff & Tritschler OHG, Frankfurt/M.: Seiten 52 (BP-Archiv), 85, 87 oben, 88 (Foto Klar), 96 unten, 98, 99

Farbwerke Hoechst AG, Frankfurt/M., (Werkfotos): Seiten 25, 27

Süddeutscher Verlag (Bilderdienst) München: Seite 127

Umschlag: Günter Müller, München
Zeichnungen: Hannes Limmer, München
Gesamtherstellung: Graph. Großbetrieb Friedrich Pustet, Regensburg
ISBN 3 517 00405 7

Inhalt

Vorwort

Der vorliegende Band verzichtet mit voller Absicht auf jegliche Spezialisierung. Er bringt das Fundament an chemischer Theorie, von dem aus der Einstieg in berufskundliche Fachgebiete möglich ist. Das Chemiebuch der speziellen Berufsrichtung wird dadurch nicht ersetzt, sondern lediglich mit einer breiteren Grundlage versehen.

Das Buch soll auch geeignet sein, das Selbststudium zu fördern. Daher wurde auf logische Darstellung Wert gelegt, auf Versuchsbeschreibungen dagegen verzichtet; sie müssen aus dem Unterricht erwachsen und können das Experiment ohnehin nicht ersetzen.

Die Einführung in die allgemeine Chemie (Stoffbegriff, Reaktionstypen, Elemente und Verbindungen, Verbindungsgesetze usw.) findet der Leser im Band »Chemie I – anorganisch« der gleichen Reihe. Diese Kenntnisse werden als bekannt vorausgesetzt. Im übrigen aber ist der Inhalt des Bandes »Chemie II – organisch« für sich allein verständlich und baut auf keinerlei Spezialwissen auf.

Alzenau, im Frühjahr 1972 *Dr. Hans-Heinrich Vogt*

Organische und anorganische Chemie

Ursprünglich gab es keine Trennung von organischer und anorganischer Chemie. Diese Einteilung wird auch heute nur aus rein praktischen Erwägungen heraus getroffen. Im Altertum und Mittelalter war man bemüht, möglichst viele Stoffe chemisch zu untersuchen und ihre Eigenschaften zu prüfen, wobei im Laufe der Jahrhunderte immer stärker der Wunsch in den Vordergrund trat, den »Stein der Weisen« zu finden, der unedle Metalle in Gold zu verwandeln gestattete. Man fand ihn nicht. Die Zahl der Substanzen aber, die der Chemiker zu beherrschen lernte, wurde größer und größer. So kam es, daß das Ziel der »Alchemie« (od. Alchimie) des Mittelalters, Gold zu machen, zwar nicht erreicht wurde, wohl aber in einem weiteren Sinn Fortschritte zu verzeichnen waren: Aus unedlen Stoffen schuf man durch chemische Umwandlungen edlere, wertvollere Materialien. Dieses Ziel verfolgt die Chemie noch heute.

Die Stoffe, die man zu Beginn der Neuzeit studiert hatte, schienen sich in zwei Gruppen gliedern zu lassen. Die erste Gruppe enthielt alle mineralischen Substanzen, die im Boden, in der Luft und im Wasser vorkamen. Sie erwiesen sich als ziemlich wandelbar. Man konnte viele ineinander überführen und chemisch verändern. Ein Beispiel mag zeigen, was hierbei gemeint ist: Beim Verbrennen von elementarem Schwefel, wie man ihn in der Natur findet, entsteht ein farbloses, stechend riechendes Gas (Schwefeldioxid), das man bereits im Mittelalter durch das sogenannte Bleikammerverfahren in Schwefelsäure verwandeln konnte. Die chemischen Vorgänge, die sich dabei abspielten, waren unbekannt, aber es bestand kein Zweifel daran, daß hier die Kunst des Chemikers die Veränderungen erzwang.

Bei einer zweiten Gruppe von Stoffen blieb der Einfluß des alchemistischen Könnens gering. Zucker, Fett, Stärke, Eiweiß, Harnstoff und eine große Zahl anderer Substanzen widersetzten sich dem Versuch, sie in der Retorte des Chemikers zu erzeugen. Man vermochte zwar ihre Eigenschaften zu beschreiben, aber ihre Darstellung (Herstellung) mißlang. Sie entstanden allein auf natürlichem Wege: Pflanzen und Tiere, auch der Mensch, erzeugten diese Substanzen als Produkte ihrer Lebensvorgänge. So lag der Verdacht nahe, daß die Zweiteilung der Stoffe, die hier skizziert wurde, nicht nur zufälliger Art war, sondern daß ihre Ursache tiefer lag. Mineralien und alle daraus ableitbaren Verbindungen stellte man als anorganische den *organischen Verbindungen* gegenüber, die nur durch die Kraft lebender Organismen geschaffen zu werden schienen. Die Diskrepanz zwischen anorganischer und organischer Chemie war geboren.

Die Naturphilosophie des beginnenden 19. Jahrhunderts gab auch die Gründe für eine solche Unterscheidung an. Sie stützte sich auf Begriffe, die schon zur Zeit eines *Aristoteles* (griechischer Philosoph, *384–322 v. Chr.*), im griechischen Altertum existiert hatten, und sah in den Vorgängen, die zu organischen Verbindungen führten, eine besondere *Lebenskraft* wirksam,

die nur lebenden Menschen, Tieren und Pflanzen eigen sein sollte. Diese Lebenskraft oder »vis vitalis« – so meinte die Naturphilosophie – trenne das Reich des Organischen prinzipiell vom Reich des Anorganischen. Beim Tod eines Lebewesens erlösche in ihm die »vis vitalis«, und der Körper gehe wieder in den Bereich des Mineralischen über.
Diese an sich einleuchtenden Überlegungen gerieten mit Beginn der wissenschaftlichen Chemie allmählich ins Wanken. Als man daran ging, die Stoffe nach ihrer chemischen Zusammensetzung zu ordnen, sie zu analysieren und Formeln für sie aufzustellen, ergab sich alsbald, daß alle organischen Verbindungen grundsätzlich aus den Elementen Kohlenstoff, Wasserstoff und Sauerstoff (mit geringem Gehalt an Stickstoff, Phosphor und Schwefel) aufgebaut waren. Das hätte zweifellos für eine Sonderstellung dieser Substanzen gesprochen, wenn nicht auch bei typischen anorganischen Verbindungen Kohlenstoff, Wasserstoff und die übrigen genannten Elemente vorhanden gewesen wären. So besteht Kohlendioxid (CO_2) aus Kohlenstoff und Sauerstoff, Kohlensäure (H_2CO_3) aus Wasserstoff, Kohlenstoff und Sauerstoff. Beide Verbindungen waren aber der anorganischen Chemie zuzuordnen, denn sie ließen sich durch Brennen von Kalk und durch Einleiten von Kohlendioxid in Wasser darstellen. Nach der Art ihrer Elemente hätten sie ebenso gut bei der organischen Chemie Aufnahme finden können.
Man blieb demnach bis in die Jahre nach 1820 noch bei der Unterscheidung nach der Bildung mit Lebenskraft (organische Verbindungen) und ohne Lebenskraft (anorganische Verbindungen). Das Ende dieser Systematisierung kam mit einem klassischen Versuch, den der deutsche Chemiker *Friedrich Wöhler (1800–1882)* in Berlin anstellte. Der *Harnstoff*, eine Verbindung aus Kohlenstoff, Wasserstoff, Sauerstoff und Stickstoff, gehörte zweifellos zu den organischen Substanzen, denn er wird von lebenden Organismen produziert. Tiere und Menschen scheiden Harnstoff täglich grammweise im Urin aus. Wöhler konnte nun zeigen, daß sich der gleiche Harnstoff auch aus Ammoniumcyanat darstellen ließ, einer Verbindung, die ohne jeden Zweifel der anorganischen Chemie angehört. Ammoniumcyanat ist das Salz der Cyanwasserstoffsäure; seine Formel lautet NH_4OCN. Das anorganische Salz lagert sich beim Erhitzen in die organische Verbindung des Harnstoffs um:

$$NH_4OCN \rightarrow O = C \begin{matrix} \diagup NH_2 \\ \diagdown NH_2 \end{matrix}$$

Dieser Versuch, den Wöhler 1828 ausführte, bewies klar, daß organische Verbindungen nicht nur mit Hilfe einer sogenannten Lebenskraft, sondern auch ohne diese in der Retorte des Chemikers hergestellt werden können. Die »vis vitalis« wurde entbehrlich.
Damit brach die historisch begründete Unterscheidung zwischen organischer und anorganischer Chemie zusammen. Freilich dauerte es noch Jahrzehnte, bis sich dieser Wandel durchgesetzt hatte. Immer mehr aber kam man zu der Überzeugung, daß eine Trennung der beiden Chemiegebiete willkürlich ist. Nur aus Zweckmäßigkeitsgründen behielt man sie bei und formulierte schließlich:

Die organische Chemie ist die Chemie der Kohlenstoffverbindungen.

Dabei werden aber die von alters her im Mineralreich behandelten Verbindungen Kohlendioxid, Kohlenmonoxid, Kohlensäure und Carbonate in der anorganischen Chemie belassen. Die Grundlagen der Chemie, wie zum Beispiel die Lehre vom Atombau und die Verbindungsgesetze, gelten in der organischen Chemie ebenso wie in der anorganischen.
Wenn also eine Gliederung auch nur aus Gründen der Tradition aufrechterhalten wird, hat sie doch in der Praxis eine gewisse Berechtigung. Die Zahl der organischen Verbindungen ist viel größer als die der anorganischen. Das mag im ersten Augenblick paradox erscheinen, befaßt sich doch die organische Chemie ausschließlich mit dem einen Element Kohlenstoff, die anorganische aber mit den über 100 übrigen Grundstoffen. Dennoch ist die Aussage richtig. Wir kennen heute rund 50000 Verbindungen der anorganischen Chemie. Ihnen stehen etwa 900000 Verbindungen der organischen Chemie gegenüber. Das liegt daran, daß der Kohlenstoff eine gewisse Ausnahmestellung unter den Elementen innehat. Kohlenstoffatome haben die Fähigkeit, sich in großer Zahl untereinander zu binden und außerordentlich *große Moleküle* aufzubauen. Diese Fähigkeit kommt anderen Grundstoffen nur in sehr beschränktem Maße zu (zum Beispiel Schwefel und Silizium).
Zusammenfassend läßt sich sagen, daß die Einteilung in anorganische und organische Chemie heute keinen grundsätzlichen Unterschied mehr andeuten will, sondern daß diese Gliederung lediglich der Zweckmäßigkeit und der Tradition entspricht.

Die Kohlenwasserstoffe

Wir beginnen unsere Betrachtung der organischen Chemie mit möglichst einfachen Beispielen. *Kohlenstoff* steht in der vierten Gruppe des Periodensystems, trägt daher vier Elektronen auf der äußersten (L-)Schale und benötigt folglich vier weitere Elektronen, um diese Schale abzuschließen, also die Edelgaskonfiguration zu erreichen. Die andere Möglichkeit, nämlich die Abgabe der vorhandenen vier Elektronen, ist energetisch ungünstig und wird nicht verwirklicht.

Das Modell eines Kohlenstoffatoms entspricht einem *Tetraeder*, in dessen Mitte das Kohlenstoffatom und an dessen Ecken die vier Valenzelektronen zu denken sind *(Abb. 1)*. Die acht Elektronen der kompletten L-Schale sind dann paarweise ebenfalls gegen die Ecken des Tetraeders gerichtet, und im einfachsten Fall stellen die fehlenden vier Elektronen vier Wasserstoffatome. Die einfachste Verbindung aus Kohlenstoff und Wasserstoff ist das *Methan* von der Formel CH_4 *(Abb. 2)*. Da es unzweckmäßig ist, die räumliche Wiedergabe des Moleküls in Tetraederform zu gebrauchen, projiziert man das Modell in die Ebene der Zeichnung und schreibt die vier Wasserstoffatome in gleichmäßigen Abständen rings um den Kohlenstoff. Wir erinnern uns ferner daran, daß gemeinsam benutzte Elektronen (Elektronenpaare) das Kriterium einer *Atombindung* sind. Atombindungen lassen sich entweder durch die Andeutung eines Elektronenpaares (:) schreiben oder durch einen Bindestrich (-), der an die Stelle eines Elektronenpaares tritt. Die Formel des Methans ist dann auf vier verschiedene Arten wiederzugeben, wie es *Abb. 2* erläutert.

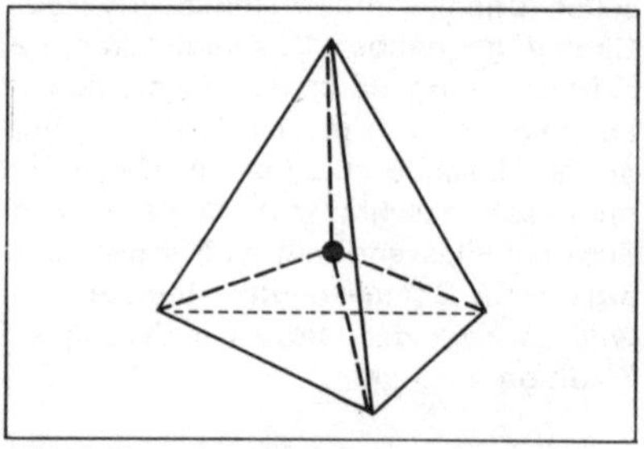

Abb. 1. Tetraedermodell des Kohlenstoffatoms

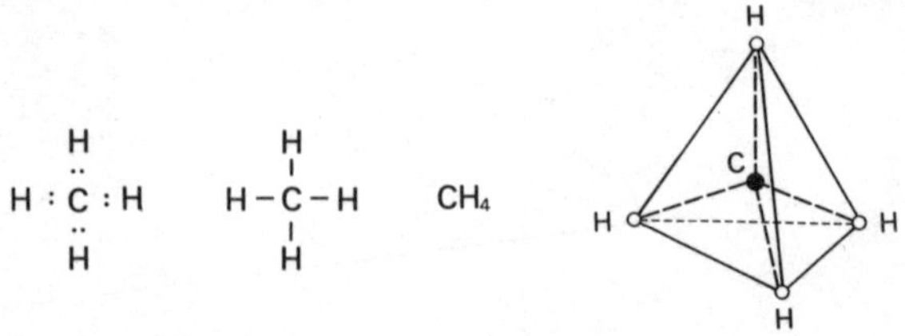

Abb. 2. Die Formel des Methans

Kohlenwasserstoffe enthalten im Molekül nur Kohlenstoff und Wasserstoff. Der einfachste Vertreter ist das Methan CH_4.

Alkane

Methan ist ein farbloses, geruchloses und geschmackloses Gas, das sich in Wasser kaum löst. Es ist leichter als Luft. Entzündet man es in reinem Zustand, so brennt es ruhig ab. Mischt man es jedoch mit Luft oder reinem Sauerstoff und bringt es dann zur Entzündung, so explodiert Methan heftig. Diese Neigung zu explosionsartiger Entzündung ist in der Praxis nicht ungefährlich, denn das Gas bildet sich beispielsweise bei Abbau- und Gärungsvorgängen durch die Tätigkeit von Bakterien, sofern keine Luft zutreten kann. Als *Sumpfgas* entweicht es aus der Morastschicht von Tümpeln und wird in Bergwerken als *Grubengas* frei. Hier besteht am ehesten die Möglichkeit, sich mit Luft zu vermischen, und das Grubengas explodiert durch den kleinsten Funken: »Schlagende Wetter«. Die größten Mengen Methan enthält das *Erdgas*, das fast stets mit dem Erdöl gemeinsam auftritt. Beim Verbrennen entstehen neben Wärme auch Kohlendioxid und Wasser:

$$CH_4 + 2\,O_2 \rightarrow CO_2 + 2\,H_2O$$

Bei ausreichendem Luftzutritt sind diese beiden Verbindungen übrigens die Endprodukte der Verbrennung bei allen Kohlenwasserstoffen.

Läßt man Chlorgas unter bestimmten Bedingungen (einige Stunden bei Zimmertemperatur und unter Ausschluß von direktem Sonnenlicht) auf Methan einwirken, so bilden sich sogenannte *Derivate* (Abkömmlinge) des Methans. Das Chlor substituiert (ersetzt) Wasserstoffatome im Molekül. Bei einer solchen *Substitution* entsteht als Nebenprodukt Chlorwasserstoffgas HCl. Die Reaktion muß unter den gegebenen Bedingungen durchgeführt werden, da zum Beispiel direktes Sonnenlicht zur Explosion der Methan-Chlorgas-Mischung führen würde.

Bei der Substitution eines Wasserstoffatoms im Methan durch Chlor bildet sich *Monochlormethan* CH_3Cl:

$$CH_4 + Cl_2 \rightarrow CH_3Cl + HCl$$

Monochlormethan ist ein farbloses, brennbares Gas. Es wird mitunter auch Methylchlorid genannt, da die Gruppe CH_3- (ein sogenanntes *Radikal* mit einer freien Wertigkeit) auch Methylgruppe heißt.

Man sollte den Namen Methylchlorid jedoch nicht benutzen, da leicht der Eindruck erweckt wird, es handle sich um ein Chlorid der anorganischen Chemie, also ein Salz der Salzsäure. Das ist aber nicht der Fall; die Methylgruppe ersetzt nicht das Metall eines Salzes.

Bei der Substitution von Wasserstoffatomen eines Kohlenwasserstoffes durch andere Elemente entstehen Derivate der betreffenden Verbindung. Molekülgruppen mit freien Wertigkeiten, die für sich allein nicht beständig sind, heißen Radikale.

Monochlormethan unterliegt weiterer Einwirkung des Chlors, so daß ein weiteres Wasserstoffatom substituiert wird:

$$CH_3Cl + Cl_2 \rightarrow CH_2Cl_2 + HCl$$

Es entsteht *Dichlormethan* der Formel CH_2Cl_2, ein häufig benutztes Lösungsmittel. Da man das Radikal $CH_2=$ (mit zwei freien Wertigkeiten) Methylengruppe nennt, hat Dichlormethan auch den Namen Methylenchlorid.

Weiteres Chlor führt Dichlormethan in *Trichlormethan* $CHCl_3$ über:

$$CH_2Cl_2 + Cl_2 \rightarrow CHCl_3 + HCl$$

Trichlormethan ist eine nicht brennbare, eigenartig süßlich riechende Flüssigkeit und wird unter der Bezeichnung Chloroform als Narkosemittel benutzt. Heute ist sie durch wirkungsvollere Präparate weitgehend verdrängt worden.

Schließlich ist auch das letzte der vier Wasserstoffatome des Methans durch Chlor substituierbar; das Substitutionsprodukt heißt *Tetrachlormethan* oder auch Tetrachlorkohlenstoff CCl_4; es ist ein gutes Lösungsmittel für Fette:

$$CHCl_3 + Cl_2 \rightarrow CCl_4 + HCl$$

Entsprechende Derivate gibt es auch von den übrigen Halogenen Fluor, Brom und Jod. Sie heißen allgemein Halogenderivate des Methans. Eine Substitution durch Brom und Jod muß allerdings auf Umwegen erfolgen, da die Reaktionsfähigkeit dieser beiden Halogene nicht mehr groß genug ist.

Ausgehend von den Halogenderivaten des Methans, lassen sich weitere Kohlenwasserstoffe synthetisieren. Als besonders günstig hierfür erwies sich eine Methode, die im vorigen Jahrhundert der französische Chemiker *Adolf Wurtz (1817–1884)* entwickelt hat. Sie geht vom Monojodmethan CH_3J aus und benutzt metallisches Natrium. In der *Wurtzschen Synthese* entzieht das Natrium dem Halogenderivat das Halogen und bildet ein Natriumhalogenid. Die beiden übrigbleibenden Methylradikale vereinigen sich zu einem neuen Kohlenwasserstoff mit der Formel C_2H_6, *Äthan:*

$$CH_3J + 2\,Na + JCH_3 \rightarrow 2\,NaJ + CH_3{-}CH_3$$

Äthan ist ein Gas mit ähnlichen Eigenschaften, wie sie das Methan aufweist. Den Molekülbau gibt *Abb. 3* wieder.

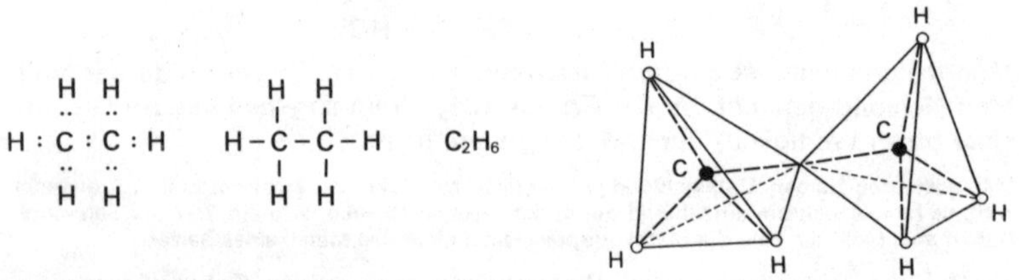

Abb. 3. Das Molekül des Äthans

Auch vom Äthan kann man Halogenderivate darstellen, und sie verhalten sich bei der Wurtzschen Synthese wie die des Methans. So gelingt es, nach dieser Methode weitere Kohlenwasserstoffe zu erhalten. Betrachten wir als Beispiel zunächst die Bildung von Monochloräthan, C_2H_5Cl. Chlorgas wirkt auf Äthan ein:

$$CH_3{-}CH_3 + Cl_2 \rightarrow CH_3{-}CH_2Cl + HCl$$

Weitere Substitution führt hier zu *Di-*, *Tri-*, *Tetra-*, *Penta-* und schließlich *Hexa*chloräthan. (Die Silben leiten sich von den griechischen Zahlwörtern ab.) Welche der einzelnen Wasserstoffatome jeweils ersetzt werden, interessiert uns hier zunächst nicht, jedoch sei angedeutet, daß die Eigenschaften der beiden folgenden Disubstitutionsprodukte sich geringfügig (in Schmelz- und Siedepunkt) unterscheiden:

$CH_2Cl—CH_2Cl$ $CH_3—CHCl_2$

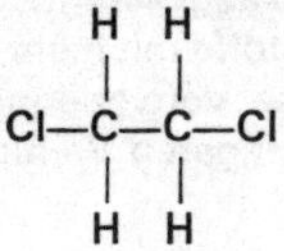

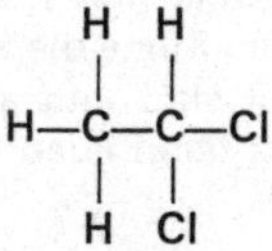

Derartige Formeln, die den molekularen Aufbau einer Verbindung erkennen lassen, nennt man *Strukturformeln* oder Bauformeln. Dagegen bezeichnet man die kürzeste Schreibweise, wie sie oben gewählt wurde (C_2H_6), als *Bruttoformel* oder Summenformel, da sie lediglich den Gesamtgehalt der Verbindung an den einzelnen Elementen wiedergibt.
Kehren wir zur Wurtzschen Synthese zurück. Mit ihrer Hilfe ist es zum Beispiel möglich, aus Monojodmethan und Monojodäthan einen Kohlenwasserstoff zu gewinnen, der drei Kohlenstoffatome enthält:

$$CH_3J + 2\,Na + JC_2H_5 \rightarrow 2\,NaJ + CH_3-C_2H_5$$

Dieser Kohlenwasserstoff mit der Bruttoformel C_3H_8 hat folgende Strukturformel:

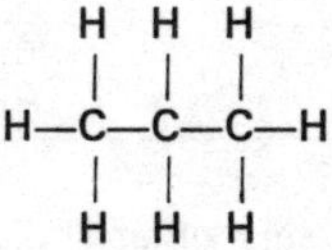

Er heißt *Propan*. Propangas ist allgemein als Heizgas bekannt. Koppelt das Natrium in der Wurtzschen Synthese zwei Äthylgruppen C_2H_5– statt einer Methylgruppe CH_3– und einer Äthylgruppe aneinander, so erhält man den nächsthöheren Kohlenwasserstoff, das *Butan* der Formel C_4H_{10}:

$$C_2H_5J + 2\,Na + JC_2H_5 \rightarrow 2\,NaJ + C_2H_5—C_2H_5$$

Die Strukturformel des Butans, das ebenfalls als Heizgas dient, sieht folgendermaßen aus:

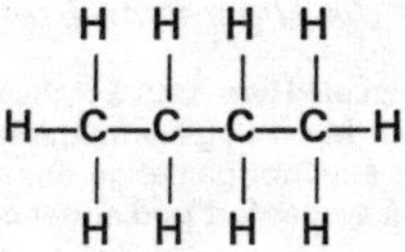

Mit Hilfe der Wurtzschen Synthese gelingt es, über die Halogenderivate höhere Kohlenwasserstoffe wie Äthan, Propan, Butan usw. aufzubauen. Man kann ihre Formeln als Brutto- oder als Strukturformeln wiedergeben.

In der Praxis beschreitet man freilich für die Gewinnung der genannten Kohlenwasserstoffe andere Wege. Eine Darstellung aus den Halogenderivaten wäre zu umständlich und zu teuer. Die Gase fallen im Erdgas an. In noch größerem Maßstab liefert sie die Verarbeitung von Erdöl.

In der folgenden *Tabelle 1* sind die ersten zwölf Kohlenwasserstoffe, die dem Methan entsprechen, zusammengestellt. Ihre Namen enden alle mit den Buchstaben *-an*. Man faßt sie deshalb auch als *Alkane* zusammen. Die Bezeichnung Alk- gilt für alle Kohlenwasserstoffe, die kettenartig gebaut sind. Gleichbedeutend mit Alkanen sind die Namen Methan-Kohlenwasserstoffe, weil alle Wertigkeiten mit Wasserstoff »abgesättigt« sind; Paraffine nennt man im engeren Sinne die Kohlenwasserstoffe mit mehr als 16 Kohlenstoffatomen, die fest sind und als Kerzenmasse Verwendung finden. Man hat die Bezeichnung dann auch auf die kurzkettigeren Verbindungen übertragen.

Tabelle 1: Die ersten 12 Kohlenwasserstoffe

Name	Formel	Eigenschaften	Radikalname
Methan	CH_4	Farblose Gase	CH_3-Methyl-
Äthan	C_2H_6		C_2H_5-Äthyl-
Propan	C_3H_8		C_3H_7-Propyl-
Butan	C_4H_{10}		C_4H_9-Butyl-
Pentan	C_5H_{12}	Farblose Flüssigkeiten	C_5H_{11}-Pentyl- (oder Amyl-)
Hexan	C_6H_{14}		C_6H_{13}-Hexyl-
Heptan	C_7H_{16}		C_7H_{15}-Heptyl-
Octan	C_8H_{18}		C_8H_{17}-Octyl-
Nonan	C_9H_{20}		C_9H_{19}-Nonyl-
Decan	$C_{10}H_{22}$		$C_{10}H_{21}$-Decyl-
Undecan	$C_{11}H_{24}$		$C_{11}H_{23}$-Undecyl-
Dodecan	$C_{12}H_{26}$		$C_{12}H_{25}$-Dodecyl-

Man erkennt leicht, daß hier ein sehr übersichtlicher Bauplan vorliegt: Die Kohlenwasserstoffe unterscheiden sich voneinander jeweils durch ein Kohlenstoff- und zwei Wasserstoffatome. Man kann daher für die Alkane die allgemeine Bruttoformel C_nH_{2n+2} angeben, wenn »n« die Zahl der Kohlenstoffatome im Molekül bedeutet. Die Alkylreste sind dann gekennzeichnet durch C_nH_{2n+1}. Eine solche Reihe, wie sie in den Alkanen vorliegt, nennt man eine *homologe Reihe.*

Eine homologe Reihe enthält Kohlenwasserstoffe von gleichem Bauplan. Bei den Alkanen ist die allgemeine Bruttoformel C_nH_{2n+2}.

Die niederen Glieder der Reihe haben als Heiz- und Synthesegase große Bedeutung. Die flüssigen Alkane setzen in wechselnden Mischungsverhältnissen das Benzin zusammen. Benzin ist folglich kein Reinstoff, sondern ein Stoffgemenge aus verschiedenen flüssigen Alkanen. Die homologe Reihe setzt sich noch weiter fort und endet erst bei Verbindungen, die etwa 70 Kohlenstoffatome enthalten.

Aufgaben:

1. Die Wurtzsche Synthese läßt sich auch mit Monochloralkanen durchführen. Schreibe die Gleichung für die Bildung von Äthan aus Monochlormethan und Natrium!
2. Wie lautet die Bruttoformel des Alkans mit 70 Kohlenstoffatomen?

Isomerie

Geht man gedanklich vom Propan zum Butan über, so gibt es zwei Möglichkeiten, das neue Kohlenstoffatom unterzubringen: Entweder verlängert man die Kette an einem ihrer Enden oder man setzt das Kohlenstoffatom in die Mitte:

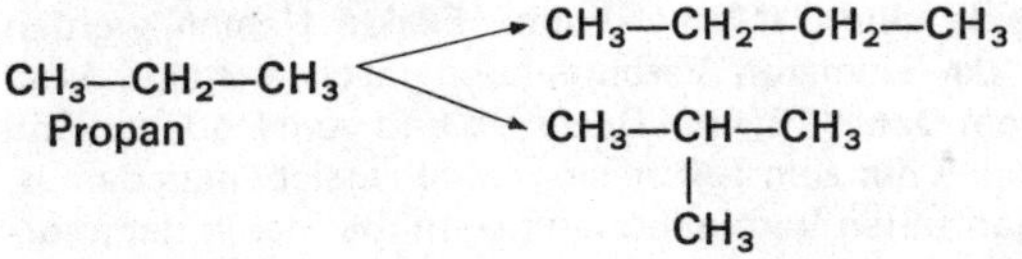

n-Butan (Normal-Butan)

i-Butan (Isobutan)

In beiden Fällen entstehen Kohlenwasserstoffe der Formel C_4H_{10}, also Butane. Man bezeichnet das geradkettige Butan als Normal- oder n-Butan, während die Verbindung mit verzweigter Kette Iso- oder i-Butan genannt wird. Die Eigenschaften der beiden Stoffe sind trotz gleicher Bruttoformel etwas voneinander verschieden; Schmelz- und Siedepunkt liegen bei i-Butan rund 10° C unter den Werten der Normalverbindung. Die Struktur beeinflußt demnach den Charakter eines Moleküls. Die Erscheinung wird *Isomerie* genannt, die Verbindungen heißen isomer.

> *Unter Isomerie versteht man die Erscheinung, daß Verbindungen mit gleicher Bruttoformel, aber verschiedener Strukturformel abweichende Eigenschaften aufweisen.*

Je größer die Zahl der Kohlenstoffatome in den Kohlenwasserstoffen wird, desto größer wird auch die Mannigfaltigkeit der Isomerie. Gibt es vom Butan nur zwei Isomere, so sind es beim Pentan bereits drei. Um sie zu »konstruieren«, braucht man nur jede Möglichkeit zu nutzen, ein Kohlenstoffatom an die bekannten Butane anzusetzen:

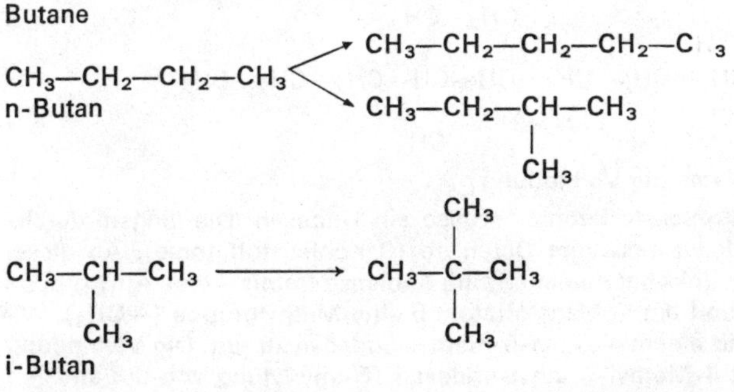

Pentane

n-Pentan

i-Pentan (2-Methylbutan)

i-Pentan (2,2-Dimethyl-propan)

Man kann sich leicht davon überzeugen, daß weitere Isomeriemöglichkeiten nicht existieren; scheinbar vorhandene Isomere lassen sich durch Drehung ihrer Strukturformel um 180° in eine schon wiedergegebene Form überführen.

Die Moleküle 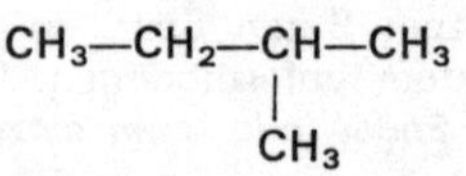 und 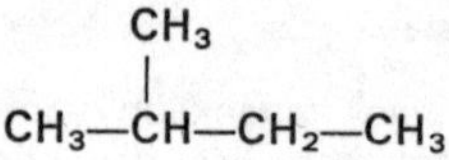

sind beispielsweise identisch, da sie sich durch Drehung um 180 ° zur Dekkung bringen lassen. Beide sind 2-Methyl-butan. Exakte Namen werden notwendig, da die Zahl der isomeren Verbindungen rasch ansteigt. Vom Hexan gibt es bereits 5, vom Octan 18, vom Decan 75 und vom Dodecan 355 Isomere. Sie sind naturgemäß nur zum Teil bekannt, doch ersieht man daraus, wie groß die Zahl der organischen Verbindungen gegenüber der in der anorganischen Chemie ist.
Um den exakten chemischen Namen zu bilden, geht man stets von der längsten im Molekül vorhandenen Kohlenstoffkette aus. Im vorstehenden Beispiel ist dies die Kette des Butans (obwohl die Verbindung ein Pentan darstellt!). Die Kohlenstoffatome der Kette numeriert man durchgehend, hier von 1 bis 4. Die Stellung der Methylgruppe CH_3- läßt sich dann durch die Ziffer des betreffenden Kohlenstoffatoms angeben, an dem die Methylgruppe sitzt. In unserem Fall trägt (rechte Formel) das Kohlenstoffatom 2 die Methylgruppe. Es handelt sich also um das 2-Methyl-butan. Benutzt man die linke Formel, so ergibt sich als scheinbar neue Verbindung ein 3-Methyl-butan, doch erkennt man, daß die gleiche Molekülform vorliegt (Drehung um 180 °); für die Benennung wählt man zweckmäßig die kleineren Ziffern, zieht also den Namen 2-Methyl-butan vor.
Trägt ein Kohlenstoffatom zwei Methylgruppen, wie dies ebenfalls bei einem i-Pentan der Fall ist, so wird der Name als Dimethyl- gebildet. Die Stellung der beiden Methylgruppen wird durch je eine Ziffer wiedergegeben. Die Bezeichnung 2,2-Dimethyl-propan ist eindeutig.

Betrachten wir als Übung ein etwas größeres Molekül:

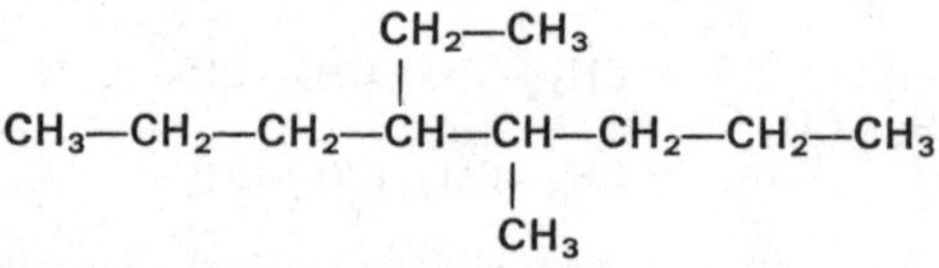

Wie lautet der Name der Verbindung?

Sie enthält 11 Kohlenstoffatome, ist also ein Undecan. Die längste durchgehende Kette leitet sich vom Octan ab (8 Kohlenstoffatome). An dieser Kette sitzen (von links her numeriert) am Kohlenstoffatom 4 eine Äthylgruppe ($-CH_2-CH_3$) und am Kohlenstoffatom 5 eine Methylgruppe ($-CH_3$). Wir haben es also mit einem 4-Äthyl-5-methyl-undecan zu tun. Die Verbindung ist identisch mit 4-Methyl-5-äthyl-undecan (Numerierung von der anderen Seite her).

Ähnliche Namen findet man auf den Packungen unserer Arzneimittel. Sie erscheinen dem Laien völlig unverständlich. Der Chemiker aber liest aus ihnen ohne Mühe die Zusammensetzung der Verbindungen heraus, die in dem Medikament enthalten sind. Je mehr Ziffern und Buchstaben darin vorkommen, desto genauer kann die Formel angegeben werden!

Die Isomerie ist eine der Ursachen für die große Zahl der Verbindungen in der organischen Chemie. Die Isomeriemöglichkeiten nehmen mit der Molekülgröße stark zu.

Aufgaben: 1. Sind die Molekulargewichte isomerer Verbindungen gleich?

2. Schreibe die Strukturformeln folgender Verbindungen: 2,2,4-Trimethyl-pentan (die Silbe tri- bedeutet drei), 2,2-Dimethyl-3-äthyl-pentan.

3. Weise nach, daß 2-Methyl-hexan und 5-Methyl-hexan identisch sind!

Alkene

Neben dem Äthan von der Formel C_2H_6 kennt man ein ähnliches farbloses, brennbares, mit Luft explosives Gas, dem die Formel C_2H_4 zukommt. Es handelt sich also ebenfalls um einen Kohlenwasserstoff, doch läßt er sich nicht von den Alkanen ableiten. Da Kohlenstoff in jedem Fall vierwertig ist, muß zwischen den beiden Atomen offenbar eine *Doppelbindung* vorliegen. Das Gas, dem man den Namen *Äthen* gegeben hat, muß dann die Struktur aufweisen, die *Abb. 4* wiedergibt. Die beiden Kohlenstofftetraeder berühren sich nicht nur an einer Spitze (Einfachbindung über ein Elektronenpaar), sondern legen sich mit einer Kante aneinander (Doppelbindung über zwei Elektronenpaare).

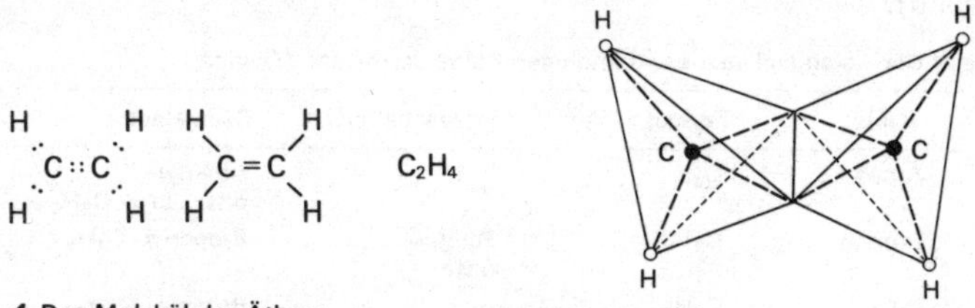

Abb. 4. Das Molekül des Äthens

Man könnte sich vorstellen, daß eine Doppelbindung fester, das Molekül also beständiger sein sollte. Dies ist aber nicht der Fall. Die Häufung der Elektronen zwischen den Kohlenstoffatomen führt zu einer Spannung im Molekül, die gegenüber den Alkanen (Paraffinen) eine relativ große Unbeständigkeit zur Folge hat. So ist das Äthen geneigt, unter Aufhebung der Doppelbindung in Äthan überzugehen, wenn Wasserstoffgas zur Verfügung steht. Man sagt, die Doppelbindung »richte sich auf« und Äthen lagere Wasserstoff an. Man spricht von *Addition:*

$$CH_2{=}CH_2 + H_2 \rightarrow CH_3{-}CH_3$$

Die Addition von Wasserstoff an ein Molekül nennt man *Hydrierung*. Auch andere Elemente und Atomgruppen werden an die Doppelbindung angelagert, addiert. Besonders auffällig ist die Entfärbung einer gelbbraunen

Lösung von Bromgas in Wasser. Diese Entfärbung von Bromwasser ist geradezu ein Kennzeichen für Verbindungen mit Doppelbindung:

$$CH_2{=}CH_2 + Br_2 \rightarrow \begin{array}{ccc} CH_2 & - & CH_2 \\ | & & | \\ Br & & Br \end{array}$$

Die entstehende Verbindung leitet sich vom Äthan ab und kann nach unseren Regeln für die Benennung als 1,2-Dibrom-äthan bezeichnet werden.

Für Moleküle mit einer Doppelbindung sind Additionen charakteristisch. Hierbei geht die Doppelbindung in eine Einfachbindung über. Doppelbindungen sind labiler als Einfachbindungen.

Ähnliche Eigenschaften wie das Äthen weisen auch andere Verbindungen auf. Sie unterscheiden sich von den jeweiligen Alkanen durch den Besitz einer Doppelbindung, lagern also auch Elemente wie Wasserstoff oder Brom an. In Analogie zu den Alkanen spricht man hier von den *Alkenen*. Auch sie bilden eine *homologe Reihe*. Da sich die Zahl der Wasserstoffatome durch die Doppelbindung um zwei verringert, kommt ihnen die allgemeine Formel C_nH_{2n} zu. Wichtig sind im wesentlichen die ersten Glieder der Reihe. Für sie benutzt man häufig noch die älteren Namen Äthylen (Äthen), Propylen (Propen), Butylen (Buten) und Amylen oder Pentylen (Penten). Vom Methan der Alkane leitet sich verständlicherweise kein Alken ab. Für die homologe Reihe der Alkene ist auch der Name Olefine oder ungesättigte Kohlenwasserstoffe gebräuchlich (Olefin, Ölbildner, wegen der öligen Beschaffenheit der Bromadditionsprodukte; ungesättigt, weil noch Wasserstoff angelagert werden kann).

Tabelle 2: Die Anfangsglieder der homologen Reihe der Alkene (Olefine)

Name	Formel	Eigenschaften	Radikalname
Äthen	C_2H_4		Äthenyl- oder Vinyl- C_2H_3-
Propen	C_3H_6	Farblose Gase	Propenyl- C_3H_5-
Buten	C_4H_8		Butenyl- C_4H_7-
Penten	C_5H_{10}	Farblose Flüssigkeit	Pentenyl- C_5H_9-

Die homologe Reihe der Alkene ist durch die Bruttoformel C_nH_{2n} *gekennzeichnet.*

Bei den Alkenen tritt zu den Isomeriemöglichkeiten, die für die Alkane erwähnt wurden, noch eine weitere hinzu. Die Doppelbindung kann an verschiedenen Stellen des Moleküls liegen, ohne daß sich die Bruttoformel ändert. Dies hat Einfluß auf die Eigenschaften der betreffenden Verbindungen. Wir wählen als Beispiel für diese Art von Isomerie das n-Buten. Zwei Isomere sind vorhanden:

$$CH_2{=}CH{-}CH_2{-}CH_3 \qquad \text{n-Buten-(1)}$$

$$CH_3{-}CH{=}CH{-}CH_3 \qquad \text{n-Buten-(2)}$$

(Eine Verlagerung der Doppelbindung ganz auf die rechte Seite führt zu keiner neuen Verbindung, da das Molekül durch Drehung um 180° in die Form des n-Buten-(1) gebracht werden kann.)
Die Lage der Doppelbindung wird durch eine in Klammern gesetzte Ziffer hinter der Silbe -en angedeutet. Die Ziffer entspricht demjenigen Kohlenstoffatom, von dem die Doppelbindung ausgeht.
Man sieht leicht ein, daß dadurch die Zahl der Isomeren noch einmal erheblich gesteigert wird. Die Benennung solcher Verbindungen macht indessen keine Schwierigkeiten.

Aufgaben: 1. Welche Strukturformel hat 1,1-Dibrom-äthan?

2. Schreibe die Strukturformel von 4-Äthyl-hexen-(2)!

Alkine

Neben Äthan (C_2H_6) und Äthen (C_2H_4) existiert auch noch eine Verbindung *Äthin* mit der Formel C_2H_2. Sie ist also noch wasserstoffärmer. Äthin wird meist noch mit dem älteren Namen *Acetylen* benannt. Es handelt sich um ein farbloses, betäubend wirkendes Gas, das mit rußender Flamme brennt, in Mischung mit Luft oder Sauerstoff aber heftig explodiert. Der Geruch des reinen Acetylens ist kaum wahrnehmbar, doch sind meist Verunreinigungen wie Phosphorwasserstoff PH_3 und Schwefelwasserstoff H_2S beigemengt, die dem Gas einen recht unangenehmen, süßlichen Geruch verleihen. Für Schweißzwecke ist Acetylen sehr geschätzt, denn beim Verbrennen unter Zutritt von reinem Sauerstoff erreicht man Temperaturen von rund 2700° C.
Äthin (Acetylen) entfärbt Bromwasser. Daraus kann man schließen, daß auch hier eine »ungesättigte« Verbindung vorliegt. Die Bruttoformel C_2H_2 legt beim Vergleich mit Äthen C_2H_4 eine *Dreifachbindung* nahe. Sie erklärt auch die beträchtliche Spannung im Molekül und die Neigung zu explosionsartigem Zerfall *(Abb. 5)*. Hydrierung führt über Äthen zu Äthan:

H:C:::C:H $H-C\equiv C-H$ C_2H_2

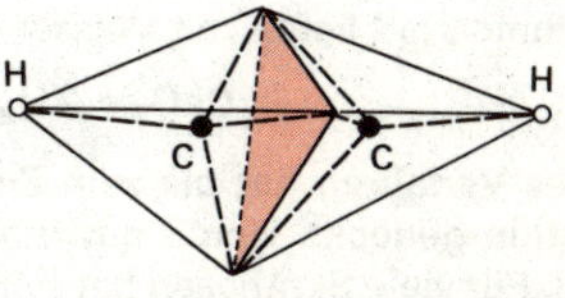

Abb. 5. Das Molekül des Äthins

$$CH \equiv CH \xrightarrow{+H_2} CH_2{=}CH_2 \xrightarrow{+H_2} CH_3{-}CH_3$$

Das Molekülmodell der *Abb. 5* gibt die Dreifachbindung durch das Aneinanderlagern zweier Flächen der benachbarten Kohlenstofftetraeder wieder. Auch hier gilt, daß diese Art von Bindung keinesfalls stabiler, sondern im Gegenteil labiler ist als eine Einfachbindung.

Auch Dreifachbindungen neigen zu Additionen und sind Schwächezonen im Molekül.

Äthin (Acetylen) hat in der Praxis große Bedeutung. Es wird in der Schweißtechnik sowie als Ausgangsprodukt für viele organische Synthesen verwendet. Daher ist die *Gewinnung des Äthins* wichtig. Früher ging man von den beiden Rohstoffen Kalk und Kohle aus. *Abb. 6* gibt einen schematischen Überblick.

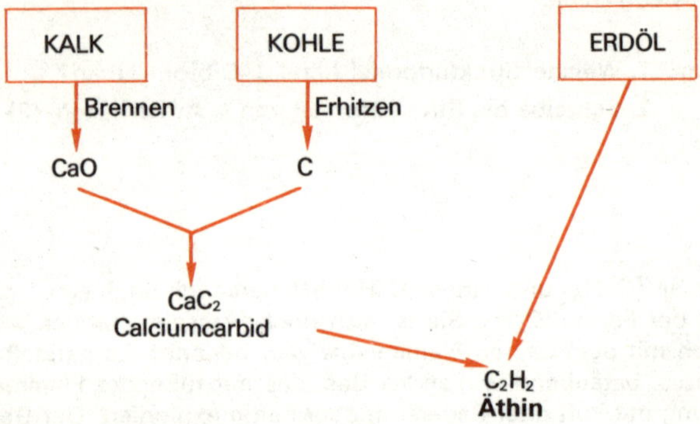

Abb. 6. Gewinnung von Äthin

Kalk liefert beim Erhitzen auf 1000° C (Brennen) den gebrannten Kalk:

$$CaCO_3 \rightarrow CaO + CO_2$$

Kohle wandelt sich beim Erhitzen unter Luftabschluß in Koks, unreinen Kohlenstoff, um (siehe Kohle, *S. 44–49*). Eine Mischung von gebranntem Kalk CaO und Koks C schmilzt man im elektrischen Ofen bei einer Temperatur von etwa 2300° C zusammen und erhält so Calciumcarbid der Formel CaC_2:

$$CaO + 3\,C \rightarrow CaC_2 + CO$$

Calciumcarbid liefert mit Wasser das Gas Äthin:

$$CaC_2 + 2\,H_2O \rightarrow Ca(OH)_2 + C_2H_2$$

Dieses Verfahren hat bis zum Zweiten Weltkrieg fast den gesamten Bedarf an Äthin gedeckt. Heute gewinnt man rund ein Drittel des Äthins aus dem Erdöl. Für viele Synthesen hat sich das billigere Äthen an die Stelle des Äthins gesetzt. Auch hierbei dient Erdöl als Ausgangsprodukt. Wir erkennen eine allgemeine Erscheinung: Die Kohle wird in zunehmendem Maße vom Erdöl verdrängt. Dies gilt nicht nur auf dem Brennstoffmarkt, sondern auch im Bereich der chemischen Industrie.

Äthin wird entweder aus Kalk und Kohle (über Calciumcarbid) oder aus Erdöl gewonnen. Die Chemie des Erdöls (Petrochemie) verdrängt immer stärker die »Chemie der Kohle«.

Äthin ist das erste Glied einer homologen Reihe von Kohlenwasserstoffen, die man als die *Alkine* bezeichnet. Allerdings hat nur dieses erste Glied praktische Bedeutung. Um den Charakter der Reihe aufzuzeigen, seien noch weitere Verbindungen des Typs genannt: Propin $CH \equiv C{-}CH_3$ hat die Bruttoformel C_3H_4, Butin $CH \equiv C{-}CH_2{-}CH_3$ hat die Bruttoformel C_4H_6. Hieraus läßt sich die allgemeine Formel der Alkinkohlenwasserstoffe ableiten: C_nH_{2n-2}. Vom Butin an lassen sich durch die Lage der Dreifachbindung auch wieder verschiedene Isomere erwarten:

$$\underset{\text{Butin-(1)}}{CH \equiv C{-}CH_2{-}CH_3} \qquad \underset{\text{Butin-(2)}}{CH_3{-}C \equiv C{-}CH_3}$$

Durch die Kombination von Kettenverzweigung und Bindungsverlagerung werden nun verständlicherweise sehr viele Moleküle möglich:

$$\begin{array}{l} CH_3{-}CH_2{-}\underset{\displaystyle \begin{array}{c} | \\ CH_2 \\ | \\ CH_3 \end{array}}{CH}{-}CH_2{-}C \equiv C{-}CH_2{-}CH_3 \end{array}$$

Die Verbindung dieser Strukturformel muß beispielsweise als ein 3-Äthyl-octin-(5) bezeichnet werden. Auch kennt man Verbindungen, die im Molekül mehr als eine Doppel- oder Dreifachbindung tragen. Sie erhalten dann die Benennungen -dien und -diin. Die Silbe di- bedeutet ja »zwei«, die Silbe -en eine Doppelbindung und die Silbe -in eine Dreifachbindung. Auch hierfür ein Beispiel: $CH_2 = CH{-}CH = CH_2$ ist Butadien, genau gesagt Butadien-(1,3). Die Substanz hat übrigens für die Gewinnung künstlichen Kautschuks eine beträchtliche Bedeutung.

Alkine sind Kohlenwasserstoffe mit Dreifachbindung und der allgemeinen Formel C_nH_{2n-2}. *Sehr wichtig ist das erste Glied der homologen Reihe, das Äthin (Acetylen).*

Aufgaben:
1. Bei der Verbrennung von Äthin bilden sich die Oxide des Kohlenstoffs und des Wasserstoffs. Schreibe die Gleichung!
2. Wie sieht die Strukturformel der Verbindung 2-Methyl-octin-(3) aus?

Benzol

Schon in der Mitte des vorigen Jahrhunderts war ein Kohlenwasserstoff bekannt, den man in die bisher genannten homologen Reihen nicht einordnen konnte. Die Formel C_6H_6 ließ auf eine außerordentlich »ungesättigte« Verbindung schließen, doch wurden weder Wasserstoff noch Brom unter normalen Bedingungen angelagert. *Benzol* blieb in seiner Struktur lange Zeit ungeklärt. Erst im Jahre 1865 erkannte der deutsche Chemiker *August Kekulé (1829–1896)*, daß hier kein Ketten-, sondern ein Ringmolekül vorliegt. Die sechs Kohlenstoffatome, die den Ring bilden, sind abwechselnd durch eine Einfach- und durch eine Doppelbindung miteinander verknüpft *(Abb. 7)*. Da Additionsreaktionen jedoch nicht wie bei Alkenen und Alkinen verlaufen, muß im Ring offenbar ein besonderer Zustand vorliegen. Kekulé dachte daran, daß die Doppelbindungen im Ring fortwährend mit den Einfachbindungen ihren Platz wechseln, »oszillieren« (hin- und herspringen). Dies bedinge den besonderen Zustand des Benzols. Man hat hierfür den Namen *aromatischer Zustand* geprägt, da Verbindungen wie das Benzol sich durch einen charakteristischen Geruch auszeichnen. Heute wissen wir, daß im Benzol tatsächlich ein neuer Strukturtyp vorliegt. Die Elektronen der drei Doppelbindungen sind innerhalb des Ringes verschiebbar, so daß sie nicht an einer bestimmten Stelle festliegen, sondern gleichmäßig verteilt erscheinen. Man spricht von »verschmierten« Bindungen und will damit sagen, daß im Durchschnitt zwischen je zwei Kohlenstoffatomen drei Elektronen anzutreffen sind. *Abb. 7* gibt dies schematisch wieder.

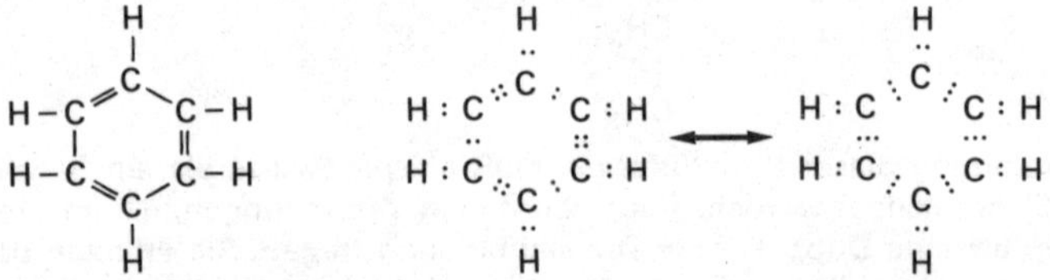

C_6H_6

Abb. 7. Die Struktur des Benzols

Der Doppelpfeil zwischen der mittleren und der rechten Darstellung soll andeuten, daß die beiden Molekülformen ineinander übergehen können. Man nennt dies *Mesomerie*. Freilich hat die Formel mit der gleichmäßigen Verteilung der Elektronen (rechte Strukturformel) den geringeren Energieinhalt und ist dadurch gegenüber der mittleren bevorzugt.

Die Benzolformel kommt in der organischen Chemie außerordentlich häufig vor. Man ist daher übereingekommen, Abkürzungen zu benutzen. So läßt man beispielsweise meist die Wasserstoff- und Kohlenstoffatome bei der Formelwiedergabe weg *(Abb. 8a)*. Häufig verzichtet man sogar auf die Andeutung der Doppelbindungen, zumal sie ja ohnehin nicht an bestimmten Stellen zu suchen sind *(Abb. 8b)*.

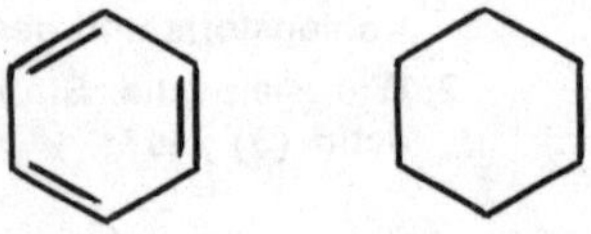

a b

Abb. 8. Vereinfachte Benzolformeln

Benzol ist eine farblose, giftige Flüssigkeit von angenehmem Geruch. Sie eignet sich gut als Lösungsmittel für Fette, mischt sich aber nicht mit Wasser. Benzol brennt mit stark rußender Flamme. Früher gewann man die Verbindung hauptsächlich aus dem Steinkohlenteer, der bei der Entgasung der Kohle anfiel (siehe Kohle, *S. 44–49*). Heute ist auch hier das Erdöl an die Stelle

In modernen Arzneimittelwerken ist steriles Arbeiten Grundvoraussetzung. In den Laboratorien herrscht extreme Sauberkeit der Kohle getreten und deckt den Bedarf fast vollständig. Benzolzusatz bei Benzin verbessert die Eigenschaften des Treibstoffs für Kraftfahrzeuge. Noch wichtiger aber ist die Verwendung der Verbindung als Ausgangsstoff für viele organische Synthesen. Auf der Basis des Benzols beruhen zahlreiche Medikamente, Farbstoffe und Kunststoffe.

Benzol ist das einfachste Beispiel einer aromatischen Verbindung und hat die Formel C_6H_6. *Die Kohlenstoffatome sind in einem Sechsring angeordnet.*

Aufgaben:
1. Worin liegt der chemische Unterschied zwischen Benzin und Benzol?
2. Was versteht man unter Mesomerie?
3. Bei welcher Bindungsart der anorganischen Chemie sind Elektronen ebenfalls relativ frei beweglich?

Bei der Erzeugung von Heilmitteln müssen bakterielle Verunreinigungen ausgeschlossen werden. Hier werden Materialien steril abgewogen

Alkohole

Unter Alkohol versteht man im täglichen Leben ausschließlich jene farblose, würzig riechende und scharf schmeckende Flüssigkeit, die in verdünntem Zustand im Bier, Wein, Schnaps und anderen Getränken enthalten ist. Für den Chemiker aber ist der Begriff Alkohol viel weiter gefaßt. Er bezeichnet Hunderte von Verbindungen, die alle ein gemeinsames Merkmal aufweisen: Sie haben im Molekül mindestens eine Hydroxy- oder OH-Gruppe. In der anorganischen Chemie war die Hydroxidgruppe das Kennzeichen der Laugen. Sie bedingte in wässeriger Lösung ihre alkalische Reaktion:

$$NaOH \rightarrow Na^+ + OH^-$$

Die OH-Gruppe in der organischen Chemie spaltet sich in wässeriger Lösung nicht ab, die Alkohole sind nicht dissoziiert. Betrachten wir den Fall des erwähnten trinkbaren Alkohols, des sogenannten Äthylalkohols, so bleibt die Formel auch in Wasser unverändert: CH_2—CH_2—OH oder kurz C_2H_5OH. Das liegt daran, daß zwischen Kohlenstoff und Sauerstoff im Alkohol eine Atombindung vorliegt, die nicht dissoziiert. In der Natronlauge waren dagegen Ionen gebildet worden.

Ein ähnlicher Unterschied ist uns bereits bei den Halogenderivaten der Kohlenwasserstoffe begegnet. Wir haben den Namen Monochlormethan der Bezeichnung Methylchlorid vorgezogen, da kein Chlorid im Sinn der anorganischen Chemie vorliegt. Monochlormethan CH_3Cl spaltet keine Chlorid-Ionen Cl^- ab. Auch in diesem Fall ist das Chlor nicht durch eine Ionen-, sondern durch eine Atombindung an den Kohlenstoff gebunden. Ionenbindungen treten in der organischen Chemie nur sehr selten auf. Eine Folge davon ist wiederum die verhältnismäßig geringe Reaktionsgeschwindigkeit organischer Vorgänge; in der organischen Chemie laufen Dissoziationen und Fällungsreaktionen fast augenblicklich ab.

Alkohole sind gekennzeichnet durch das Auftreten der Hydroxygruppe OH im organischen Molekül. Die Gruppe trägt keine negative Ladung, ist mit dem Kohlenstoff durch Atombindung verknüpft und dissoziiert nicht ab.
Nennt man »R« einen beliebigen Kohlenwasserstoffrest, so ist die allgemeine Formel der Alkohole R—OH. Die Benennung erfolgt so, daß man an die Bezeichnung des Radikals -alkohol anfügt: Methylalkohol CH_3OH, Äthylalkohol C_2H_5OH. Der kürzere und modernere Name für die beiden Verbindungen lautet allerdings Methanol und Äthanol.

Das Vorliegen einer Alkoholgruppe OH *in einer organischen Verbindung wird dadurch ausgedrückt, daß man dem Namen des betreffenden Kohlenwasserstoffs die Endung -ol anhängt.*

Wir betrachten zunächst den bekanntesten Alkohol, Äthanol C_2H_5OH.

Äthanol

Reines Äthanol ist eine farblose, leicht verdunstende Flüssigkeit, die brennt und mit Wasser in jedem Verhältnis mischbar ist. Man bezeichnet das wasserfreie Produkt als »absoluten Alkohol«. Im Handel ist meist der sogenannte *Weingeist*, ein 96prozentiges Äthanol. Beim Destillieren wasserhaltigen Äthanols gehen nämlich konstant vier Prozent Wasser mit über. Sie können nur durch wasserbindende Mittel entfernt werden.

Für Trinkzwecke muß man Äthanol stark verdünnen, da höhere Konzentrationen (über 50%) giftig wirken. Bier enthält nur 3% bis 5%, Wein etwa 10% bis 18% Äthanol. Der Genuß von Äthanol führt durch Einwirkung auf die Nerven- und Gehirnzellen zunächst zu einer Anregung der geistigen Tätigkeit, berauscht und narkotisiert aber später. Man muß betonen, daß Alkohol – vor allem in hochprozentigen Getränken – ein Stoffwechselgift ist und vom Körper auf die Dauer nicht vertragen wird. Leberschäden und Nierenkrankheiten sowie Gedächtnisschwäche sind die Folgen. Gefährlich wirkt sich Alkohol im Straßenverkehr aus, denn der Betrunkene überschätzt seine Leistungsfähigkeit, wird sorglos und reagiert langsamer als normal. Kaffee oder »Ernüchterungsmittel« beschleunigen den Abbau des Alkohols im Körper nicht, können daher Trunkenheit keinesfalls aufheben.

Große Mengen von Äthanol werden in Chemie und Technik benötigt, da die Verbindung eine gute Ausgangsbasis für die Darstellung anderer organischer Produkte bildet und als Lösungsmittel für Gewürzstoffe und Harze wichtig ist. Auch als *Brennspiritus* wird Alkohol verwendet. Um ihn von trinkbarem Äthanol zu unterscheiden, fügt man Vergällungsmittel bei, die einen Genuß unmöglich machen. Dies ist nötig, weil technisch verwendeter Alkohol nicht mit der hohen Steuer belastet ist, mit der man den Trinkalkohol belegt.

Die *Gewinnung* des Äthanols erfolgt auf zwei Wegen. Der erste geht vom Äthin (Acetylen) aus, dessen Darstellung aus Kalk und Kohle oder aus Erdöl wir schon behandelt haben. Unter der Einwirkung eines Katalysators (Quecksilbersulfat) lagert Äthin Wasser an und bildet eine Verbindung, die als *Acetaldehyd* bekannt ist und die uns noch beschäftigen wird. Acetaldehyd hat die Formel $CH_3—CHO$.

$$CH \equiv CH + H_2O \rightarrow CH_3—CHO$$

Acetaldehyd lagert – wiederum bei Einwirkung eines Katalysators, hier Nickel – Wasserstoff an, läßt sich also hydrieren. Dabei entsteht Äthanol:

$$CH_3—CHO + H_2 \rightarrow CH_3—CH_2—OH$$

Wir können demnach die Schemazeichnung von *Abb. 6* (siehe *S. 22*) über das Äthin hinaus ergänzen: Aus Äthin läßt sich Acetaldehyd und aus Acetaldehyd Äthanol gewinnen. Damit stehen wir wieder vor einem typischen Beispiel einer Veredelung chemischer Stoffe: Aus Kalk und Kohle oder aus Erdöl wird über einige Zwischenstufen hinweg der bedeutend wertvollere und teurere Stoff Alkohol geschaffen.

Der zweite Weg, der zum Äthanol führt, bedient sich der Gärung. Da dieser Vorgang allgemeinere Bedeutung hat, soll er eingehender behandelt werden.

Äthylalkohol ist ein Genußmittel, das gesundheitsschädlich wirken kann. In der Chemie hat Äthanol erhebliche Bedeutung und kann aus Äthin oder durch alkoholische Gärung gewonnen werden.

Alkoholische Gärung

Die Anfänge der Weinbereitung verlieren sich im Dunkel der Geschichte, und auch die Herstellung einer Art Bier geht bis in die Zeit des Altertums zurück. In beiden Fällen entsteht Alkohol aus natürlichen Rohstoffen. Es hat jedoch verhältnismäßig lange gedauert, bis man das Wesen dieser Vorgänge erkannte. Die alkoholische Gärung geht von zuckerhaltigen Flüssigkeiten aus und verwendet Hefe zur Umwandlung des Zuckers in Äthanol und Kohlendioxid:

$$\underset{\text{Traubenzucker}}{C_6H_{12}O_6} \rightarrow 2\,C_2H_5OH + 2\,CO_2$$

Die Rolle der Hefe war im vorigen Jahrhundert stark umstritten. Der französische Biologe *Louis Pasteur (1822–1895)* glaubte, die Lebenstätigkeit der Hefezellen sei für die Zersetzung des Zuckers notwendig, während der deutsche Chemiker *Justus von Liebig (1803–1873)* annahm, daß lediglich Substanzen, die von der Hefe erzeugt würden, dafür verantwortlich seien. Die Entscheidung führte 1897 der deutsche Chemiker *Eduard Buchner (1860–1917)* herbei. Er preßte Hefe unter hohem Druck durch ein poröses Tonfilter. Hierbei starben alle Zellen ab. Der Preßsaft vermochte aber dennoch die alkoholische Gärung von Zuckerlösungen in Gang zu setzen. Es mußten sich darin also wirksame chemische Stoffe befinden, die auch unabhängig vom Lebensvorgang ihre Wirkung entfalten konnten. Sie sind den Katalysatoren gleichzusetzen. In der Biochemie nennt man sie *Enzyme* oder *Fermente*. Hefezellen produzieren ein Enzymgemisch, das man als *Zymase* bezeichnet hat.

Bei der *Weinbereitung* befinden sich mikroskopisch kleine Hefezellen bereits auf den Weintrauben und gelangen beim Keltern in den Traubensaft, wo sie die Gärung auslösen. Bei der *Bierbrauerei* geht man jedoch nicht von einer natürlichen Zuckerlösung aus, sondern von Stärke (siehe Polysaccharide, *S. 83*). Aus Kartoffelstärke wird ein wesentlicher Teil des Äthanols gewonnen.

Wein und Bier nutzen den Alkohol der Gärung. Beim Backen von Hefekuchen steht jedoch das Kohlendioxidgas im Vordergrund. Die dem Teig vor dem Erhitzen zugesetzte Hefe wandelt Zucker in Alkohol und Kohlendioxid um. Das geschieht beim »Gehen« des Teiges. Das Gas entsteht in zahllosen kleinen Bläschen und macht die Masse locker. Beim Backen treibt die Hitze dann das Kohlendioxid (und auch den Alkohol) aus, aber die Hohlräume bleiben bestehen: Hefekuchen ist feinporig.

Bei der alkoholischen Gärung entstehen aus Zucker Äthanol und Kohlendioxid. Die Hefe liefert Enzyme, die den Vorgang katalysieren.

Aufgaben:
1. Übertrage den Begriff des Katalysators aus der anorganischen in die organische Chemie!
2. Was geschieht mit dem Alkohol beim Backen des Hefekuchens?
3. »Man kann ein Stück Kalkstein als Schnaps trinken«; was will dieser Ausspruch eines Chemikers sagen?

Methanol

Vom Methan CH_4 leitet sich der einfachste Alkohol ab, das *Methanol*. Auch der Name *Methylalkohol* ist gebräuchlich. Wie Äthanol ist dieser Alkohol der Formel CH_3OH eine farblose, brennbare Flüssigkeit von charakteristischem Geruch. Schon der Genuß kleiner Mengen (wenige Kubikzentimeter) führt jedoch zur Erblindung oder zum Tod. Man hat Methanol wegen seiner Giftigkeit zum Vergällen von Äthanol (Brennspiritus) verwendet, doch ist man davon abgekommen und benutzt heute andere Substanzen. Große Bedeutung hat das Methanol als Lösungsmittel und als Ausgangsstoff für organische Synthesen. Deshalb stellt man die Flüssigkeit in technischem Maßstab her. Rohstoffe hierfür sind letzten Endes wieder zwei sehr billige Produkte, nämlich Kohle und Wasser. Daraus gewinnt man Wassergas (vgl. anorganische Chemie), eine Mischung von Kohlenmonoxid, Kohlendioxid und Wasserstoff. Leitet man Wasserstoff und Kohlenmonoxid bei 400° C und einem Druck von etwa 200 at über einen geeigneten Katalysator (Zink- und Chromoxide), so bildet sich Methanol:

$$CO + 2\,H_2 \rightarrow CH_3OH$$

Die Methanolsynthese deckt heute den gesamten Bedarf an dieser wichtigen Verbindung.

> *Das sehr giftige Methanol* CH_3OH *ist als Ausgangsprodukt für andere Chemikalien und als Lösungsmittel wichtig. Man stellt es aus Wassergas her.*

Mehrwertige Alkohole

Methanol CH_3OH und Äthanol C_2H_5OH bilden die ersten Glieder einer homologen Reihe von Alkoholen, die man als *Alkanole* bezeichnen kann. Sie haben alle die Formel $C_nH_{2n+1}OH$. Der Reihenfolge nach folgen dem Äthanol das Propanol mit der Formel C_3H_7OH, das Butanol mit der Formel C_4H_9OH und das Pentanol mit der Formel $C_5H_{11}OH$. Sie alle enthalten eine einzige OH-Gruppe und werden daher *einwertige Alkohole* genannt.
An dieser Stelle sei wieder auf die Möglichkeit der Isomerie hingewiesen. Vom Propan leiten sich zwei Propanole ab:

$CH_3—CH_2—CH_2OH$	$CH_3—CH(OH)—CH_3$
Propanol-(1)	Propanol-(2)

Die in Klammern gesetzten Ziffern geben die Stellung der OH-Gruppe (-ol) an dem Kohlenstoffgerüst an. In gleicher Weise hatte man ja die Lage der Doppel- oder Dreifachbindung wiedergegeben. Mit der Länge der Kohlenstoffkette und der Zahl der isomeren Kohlenwasserstoffe steigt auch die Möglichkeit der Isomerie bei den davon ableitbaren Alkoholen sehr schnell.
Von *mehrwertigen Alkoholen* spricht man, wenn im Molekül zwei oder mehr OH-Gruppen vorkommen.

Ein Beispiel hierfür ist das *Glykol:*

$$\begin{array}{c} CH_2OH \\ | \\ CH_2OH \end{array}$$

Seine genaue Benennung lautet Äthan-diol-(1,2). Die Verbindung ist billig aus dem Äthen des Erdöls herstellbar und findet als Basis für organische Synthesen und als Frostschutzmittel für Autos Verwendung. Die farblose, mit Wasser mischbare Flüssigkeit schmeckt schwach süß.

Zwei Hydroxy-Gruppen am gleichen Kohlenstoffatom sind nicht beständig, da sich unter diesen Umständen Wasser abspaltet. Wohl aber können an verschiedenen Kohlenstoffatomen solche Gruppen vorhanden sein. Mit der Zahl der OH-Gruppen im Molekül steigt die Ausbildung eines süßen Geschmacks bei den betreffenden Verbindungen. So sind unsere Zucker beispielsweise im chemischen Sinn fünf- bis achtwertige Alkohole. Man muß sich also von der Vorstellung lösen, Alkohol müsse stets eine Flüssigkeit sein.

Ein sehr wichtiger dreiwertiger Alkohol ist das *Glycerin*, genauer gesagt das Propan-triol-(1,2,3):

$$\begin{array}{c} CH_2OH \\ | \\ CHOH \\ | \\ CH_2OH \end{array}$$

Glycerin ist eine farblose, ölige Flüssigkeit, die bereits ausgesprochen süß schmeckt. Sie mischt sich mit Wasser, ist sogar hygroskopisch. Als Molekülbestandteil der Fette kommt Glycerin in der Natur vor und wird auch aus Fetten gewonnen. Seine Verwendung ist vielseitig: Frostschutzmittel (wie Glykol), Salbengrundlage in der Kosmetik, Ausgangsprodukt für die Herstellung von Kunststoffen und Sprengmitteln (Nitroglycerin, [siehe Ester, *S. 38–41*]).

Mehrwertige Alkohole enthalten mehrere Hydroxy-Gruppen im Molekül. Beispiele sind die Verbindungen Glykol und Glycerin.

Aufgaben:
1. Man unterscheidet vier isomere Butanole. Schreibe ihre Strukturformeln!
2. Stelle eine Schemazeichnung auf, die den Weg von Kohle und Wasser bis zum Methanol wiedergibt!

Primäre, sekundäre und tertiäre Alkohole

Für das Verständnis der Reaktionen von Alkoholen ist es wichtig, die Stellung der OH-Gruppe am Kohlenstoffgerüst zu kennen. Betrachten wir als Beispiel die Formel des Glycerins! Zwei der OH-Gruppen befinden sich am Ende der Kohlenstoffkette, sitzen also an einem Kohlenstoffatom, das zwei Wasserstoffatome trägt und eine freie Wertigkeit aufweist. Eine solche Gruppe —CH_2OH kennzeichnet einen *primären Alkohol*.

Zugleich befindet sich aber im mittleren Molekülteil des Glycerins ein Kohlenstoffatom, das neben der OH-Gruppe nur noch ein einziges Wasserstoffatom trägt und folglich zwei freie Wertigkeiten aufweist. Sie sind hier mit den beiden endständigen Kohlenstoffatomen abgesättigt. Eine Gruppe =CHOH kennzeichnet *sekundäre Alkohole*.

Man wird leicht einsehen, daß es demnach auch tertiäre Alkohole geben muß. Bei einem tertiären Alkohol sitzt die OH-Gruppe an einem Kohlenstoffatom, das überhaupt kein Wasserstoffatom trägt, sondern mit allen drei weiteren Wertigkeiten Kohlenstoff bindet. Das einfachste Beispiel eines *tertiären Alkohols* ist 2-Methyl-propanol-(2):

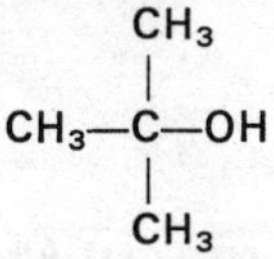

Alkohole sind reaktionsfähige Verbindungen und lassen sich vor allem leicht oxidieren. Von den drei Typen leiten sich ganz bestimmte charakteristische Oxidationsprodukte ab, die jetzt behandelt werden sollen.

Alkohole	Kennzeichen
Primäre	$-CH_2OH$
Sekundäre	$=CHOH$
Tertiäre	$\equiv COH$

Oxidationsprodukte der Alkohole

Läßt man alkoholische Flüssigkeiten wie Wein oder Bier an der Luft offen stehen, so werden sie sauer. Im vorliegenden Fall bildet sich aus Äthanol Essigsäure. Die Umwandlung verläuft relativ rasch und vollständig. Benutzt man bestimmte Oxidationsmittel (zum Beispiel Kaliumdichromat), so kann man Zwischenprodukte fassen. Betrachten wir zunächst die Oxidation primärer Alkohole!

Aldehyde

Die ersten Oxidationsprodukte primärer Alkohole bezeichnet man als Aldehyde. Der hierfür benötigte Sauerstoff kann aus der Luft oder aus einem Oxidationsmittel stammen:

$$CH_3—CH_2—OH + O \rightarrow H_2O + CH_3—CHO$$

Aus Äthanol entstehen nach obiger Gleichung Wasser und *Acetaldehyd*. Der Ablauf wird noch klarer, wenn wir die Strukturformeln benutzen:

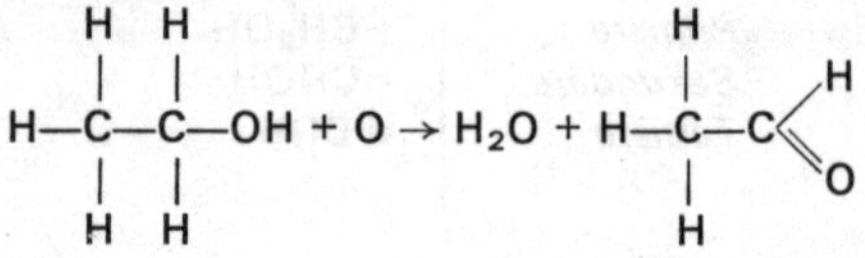

Man sieht dann, daß es sich bei der Oxidation eigentlich um eine Dehydrierung des Alkohols handelt: Der Sauerstoff zieht zwei Wasserstoffatome aus dem Molekül des Alkohols heraus und bildet mit ihnen Wasser. Der Kohlenstoff der primären Alkoholgruppe bindet dann nur noch ein Wasserstoffatom und ein Sauerstoffatom, das letztere über eine Doppelbindung.

Die Gruppierung

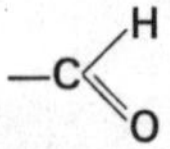

oder kurz —CHO

heißt *Aldehydgruppe*.

Der Name Aldehyde geht auf Justus von Liebig zurück und leitet sich von der Bezeichnung Alcohol dehydrogenatus ab, was auf deutsch soviel heißt wie »Alkohol, dem man Wasserstoff entzogen hat«.

Der Acetaldehyd ist uns bereits als Zwischenprodukt bei der technischen Darstellung von Äthanol begegnet. Hierin liegt auch seine größte Bedeutung. Heute wird Acetaldehyd nicht nur über das Äthin, sondern auch in großem Maßstab über das Äthen gewonnen, das bei der Erdölverarbeitung anfällt. Man oxidiert mit Hilfe des Luftsauerstoffs unmittelbar (unter Katalysatoreinfluß):

$$2\,CH_2 = CH_2 + O_2 \rightarrow 2\,CH_3—CHO$$

Acetaldehyd ist eine farblose, stechend riechende Flüssigkeit. Sie ist leicht flüchtig und brennbar.

In der modernen Chemie erhalten auch die Aldehyde eine Endung als Kurzform wie die Alkohole. Während diese durch -ol gekennzeichnet sind, tragen die Aldehyde die Silbe -al, angehängt an den Namen des betreffenden Kohlenwasserstoffs. So ist Acetaldehyd als Äthanal zu bezeichnen. Allerdings haben sich die Abkürzungen nicht allgemein durchgesetzt.

Wie sich vom Äthanol das Äthanal ableitet, so erhält man aus dem Methanol das Methanal, meist Formaldehyd genannt. Formaldehyd hat die Formel HCHO und ist das einfachste Alkanal. Technisch geht die Darstellung vom leicht zugänglichen Methanol aus; man oxidiert mit Luftsauerstoff (unter Katalysatoreinfluß):

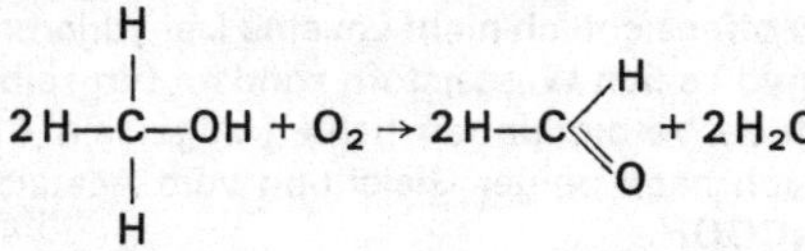

Auch hier handelt es sich im strengen Sinne wieder um eine Dehydrierung.

Formaldehyd ist ein farbloses, brennbares Gas, das zum Husten reizt und giftig ist. Um es besser handhaben zu können, leitet man es in Wasser ein und bringt es in dieser Form in den Handel. Die etwa 40prozentige Lösung heißt Formalin. Sie fällt Eiweiß aus, tötet dadurch Bakterien und härtet Gewebestücke. In Biologie und Medizin ist Formalin als Fixierungsmittel für Gewebepräparate bekannt. Aus dem gleichen Grund verwendet die Gerberei Formalin. Noch größer ist aber heute die Bedeutung als Ausgangsprodukt für Kunststoffe und Arzneimittel.
Die übrigen Alkanale wie Propanal, Butanal und noch höhere Glieder der homologen Reihe haben nur geringe praktische Bedeutung.
Eine charakteristische Nachweisreaktion für Aldehyde ist die *Fehlingsche Probe* (benannt nach dem deutschen Chemiker *Hermann Fehling [1811 bis 1885]*). Man mischt hierzu zunächst eine Natronlauge, der man Seignettesalz (Salz der Weinsäure; hier ohne weitere Bedeutung) beigegeben hat, mit einer Lösung von Kupfersulfat $CuSO_4$. Es entsteht eine tiefblaue Lösung. Erhitzt man diese mit einem Aldehyd, so schlägt die Farbe alsbald nach Braungrün um, und schließlich fällt rotes Kupferoxid der Formel Cu_2O aus. Aldehyde reduzieren das zweiwertige Kupfer des Kupfersulfats zum einwertigen Kupfer des Kupferoxids.

Aldehyde (oder Alkanale) sind die ersten Oxidationsprodukte der primären Alkohole. Sie sind durch die Gruppe —CHO *gekennzeichnet. Am bekanntesten sind Acetaldehyd und Formaldehyd.*

Man sollte darauf achten, stets —CHO und nicht —COH für einen Aldehyd zu schreiben. Letztere Formulierung würde nämlich bedeuten, daß es sich um einen tertiären Alkohol handelt!

Aufgaben: 1. Acetaldehyd läßt sich hydrieren. Welche Verbindung bildet sich? Schreibe die Gleichung!

2. Welche Formel hat Hexanal?

Carbonsäuren

Die Reaktion mit der Fehlingschen Lösung hat gezeigt, daß Aldehyde andere Stoffe reduzieren. Sie selbst oxidieren sich infolgedessen. Die Oxidationsprodukte der Aldehyde sind die Carbonsäuren. Wir betrachten als Beispiel wiederum den Acetaldehyd und wählen als Oxidationsmittel den Luftsauerstoff:

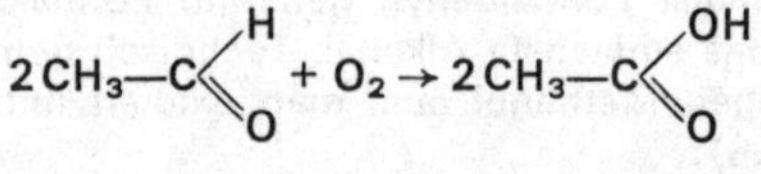

Hier handelt es sich offensichtlich nicht um eine Dehydrierung. Der Sauerstoff entzieht dem Aldehyd keinen Wasserstoff, sondern tritt selbst in das Molekül ein. Die entstehenden Verbindungen heißen allgemein Carbonsäuren. Die Carbonsäure, die sich nach obiger Gleichung vom Acetaldehyd ableitet, ist die *Essigsäure* CH_3COOH.

Essigsäure heißt in der Apothekersprache Acidum aceticum, weswegen der dazugehörige Aldehyd eben seinen Namen Acetaldehyd bekommen hat.

Essigsäure ist in reinem Zustand eine farblose, stechend riechende Flüssigkeit, die bei Temperaturen von unter 17° C zu einer eisartigen Kristallmasse erstarrt und daher Eisessig genannt wird. Im Handel ist meist eine 80prozentige wässerige Lösung, die Essigessenz. Verdünnt man auf 3% bis 5%, so erhält man den Speiseessig.

Der saure Geschmack und die Rötung von blauem Lackmusfarbstoff verraten uns, daß wir es mit einer echten Säure im Sinn der anorganischen Chemie zu tun haben. Wenn aber eine Verbindung sauer reagiert, so muß sie dissoziiert sein. Tatsächlich begegnen uns in den Carbonsäuren Ionenbindungen, und zwar dissoziiert der Wasserstoff der sogenannten *Carboxylgruppe* —COOH in wässeriger Lösung ab:

$$CH_3{-}COOH \rightleftharpoons CH_3{-}COO^- + H^+$$

Der kurze nach rechts gerichtete Pfeil will andeuten, daß die Dissoziation nur gering ausgebildet ist, vielmehr der umgekehrte Vorgang (langer Pfeil von rechts nach links) überwiegt. Der Chemiker ersieht daraus, daß Essigsäure nur eine schwache Säure ist. Das gilt auch für die übrigen Carbonsäuren.

Die Salze der Essigsäure heißen *Acetate*. Beispiel: Natriumacetat CH_3COONa. Gegenüber den Salzen der anorganischen Chemie erscheinen die beiden Komponenten Metall und Säurerest ungleich groß. Der Acetatrest ist CH_3COO^-, das Metall-Ion Na^+.

Die Gewinnung der Essigsäure erfolgt nach zwei verschiedenen Methoden. Einmal bietet sich die Oxidation von Acetaldehyd an, denn dieser ist über Äthin oder Äthen leicht zugänglich *(Abb. 9)*. Vor allem die großen Mengen von Essigsäure, die in der chemischen Technik benötigt werden, sind sogenannter »Carbidessig«. Speiseessig gewinnt man dagegen auch heute noch vorzugsweise aus billigem Wein, den man an der Luft oxidiert. Bakterien beschleunigen den Vorgang der Bildung von »Weinessig«.

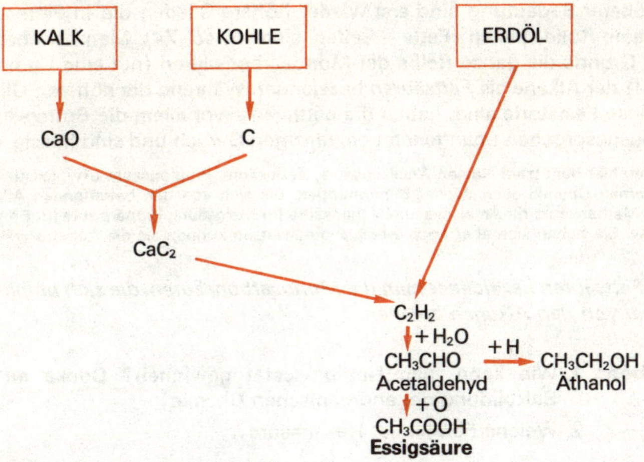

Abb. 9. Essigsäure aus billigen Rohstoffen

Carbonsäuren sind durch die Carboxylgruppe —COOH *ausgezeichnet. Sie dissoziieren nur schwach. Die bekannteste Carbonsäure ist die Essigsäure* CH_3COOH. *Carbonsäuren sind die Oxidationsprodukte der Aldehyde.*

Naturgemäß leitet sich nicht nur vom Acetaldehyd eine Carbonsäure ab; vielmehr steht jeder Aldehyd mit einer solchen Verbindung in Beziehung. Betrachten wir noch einige Beispiele!
Formaldehyd geht bei Oxidation in eine entsprechende Carbonsäure über, die den Namen *Ameisensäure* bekommen hat. Die Apothekerbezeichnung Acidum formicum ließ sich wiederum auf den Namen des Aldehyds übertragen. Ameisensäure kommt in den Giftdrüsen der Ameisen vor.

$$2\,H{-}C{\overset{\diagup H}{\underset{\diagdown\!\!= O}{}}} + O_2 \rightarrow 2\,H{-}C{\overset{\diagup OH}{\underset{\diagdown\!\!= O}{}}}$$

Die Salze der Ameisensäure heißen *Formiate*. Hierbei ist zu beachten, daß selbstverständlich nur das Wasserstoffatom der Carboxylgruppe —COOH, nicht das an Kohlenstoff gebundene Wasserstoffatom durch Metall ersetzt werden kann. Natriumformiat hat also die Formel HCOONa. Dissoziation erfolgt ja stets nur an der Carboxylgruppe, nie bei einem durch Atombindung verknüpften Wasserstoffatom des übrigen Moleküls.
Weitere Glieder der homologen Reihe von Carbonsäuren der Alkane sind außer Ameisensäure HCOOH und Essigsäure CH_3COOH:

Propionsäure C_2H_5COOH (darin sind die drei Kohlenstoffatome des Propans enthalten!)
Buttersäure C_3H_7COOH
Valeriansäure C_4H_9COOH usw.

Von größerer Bedeutung sind erst wieder höhere Glieder, die in Fetten und Seifen eine Rolle spielen (Fette – Seifen, siehe *S. 65–74*). Man hat aber aus diesem Grunde die ganze Reihe der Monocarbonsäuren (nur eine Carboxylgruppe!) der Alkane als *Fettsäuren* bezeichnet. Während die höheren Glieder geruchlose Feststoffe sind, haben die mittleren – vor allem die Buttersäure – einen ausgesprochen unangenehmen, ranzigen Geruch und sind flüssig.

Neben den hier benutzten Namen Ameisensäure, Essigsäure, Propionsäure usw. existieren in der modernen Chemie auch wieder Benennungen, die sich von den betreffenden Alkanen ableiten: Methansäure für Ameisensäure, Äthansäure für Essigsäure, Propansäure für Propionsäure usw. Sie haben sich aber noch weniger durchsetzen können als die früher erwähnten Namen.

Als Fettsäuren bezeichnet man die Monocarbonsäuren, die sich unmittelbar von den Alkanen ableiten.

Aufgaben: 1. Wie kann man Natriumacetat gewinnen? Denke an die Salzbildung der anorganischen Chemie!

2. Welche Formel hat Hexansäure?

Ester

Für das Verständnis des Begriffes Ester erweist es sich als zweckmäßig, von dem bekannten Vorgang der Neutralisation in der anorganischen Chemie auszugehen. Säure und Lauge heben sich in ihrer Wirkung gegenseitig auf und bilden Wasser und ein Salz:

$$NaOH + HCl \rightarrow H_2O + NaCl$$

Rein formal kann man diesen Vorgang in die organische Chemie übertragen. Der Lauge entspricht ein Alkohol insofern, als er ebenfalls eine OH-Gruppe enthält, und eine organische Säure wie etwa Essigsäure besteht formelmäßig in gleicher Weise wie Salzsäure aus Wasserstoff und Säurerest. Man sollte daher erwarten, daß sich eine analoge Reaktion abspielt, in der neben Wasser eine Verbindung entsteht, die – wiederum rein formal – dem Salz entspricht:

$$C_2H_5OH + CH_3COOH \rightarrow H_2O + CH_3COOC_2H_5$$

Eine solche Verbindung entsteht tatsächlich und wird *Ester* genannt. Im vorliegenden Fall handelt es sich um den Essigsäureäthylester, da der Äthylrest des Äthanols und der Säurerest der Essigsäure darin enthalten sind. Vergleicht man Salzbildung und Esterbildung jedoch hinsichtlich des Reaktionsablaufs miteinander, dann bleiben außer dem erwähnten rein formalen Bild der Gleichung kaum Gemeinsamkeiten übrig. Folgende Unterschiede sind zu beachten:

Die *Neutralisation der anorganischen Chemie* ist eine *Ionenreaktion*, bei der sich aus den OH^--Ionen der Lauge und den H^+-Ionen der Säure in Sekundenbruchteilen undissoziierte Wassermoleküle bilden. Die Metall- und Säurerest-Ionen bleiben in der Lösung dissoziiert und treten erst beim Eindampfen oder

Eindunsten zum Salzkristall zusammen. Der Vorgang läßt sich folgendermaßen wiedergeben:

$$Na^+ + OH^- + H^+ + Cl^- \rightarrow H_2O + Na^+ + Cl^-$$

Ganz anders verläuft die Esterbildung. Zwar sind organische Säuren ebenfalls schwach dissoziiert, doch spielt dieser Vorgang hier keine Rolle. Einmal nämlich spielt sich eine Veresterung in weitgehend wasserfreiem Milieu ab, da man hochprozentigen Alkohol und konzentrierte Säuren benutzt, und zum anderen ist der Alkohol selbst überhaupt nicht dissoziiert, da Atombindungen im Molekül vorliegen. Man sorgt sogar zusätzlich noch für Entzug von Wasser, indem man in der Praxis konzentrierte Schwefelsäure zur Alkohol-Säure-Mischung hinzugibt, die bekanntlich Wasser bindet. *Veresterung hat demnach nichts mit Ionenreaktionen* zu tun und verläuft folglich nach einem anderen Schema. *Es handelt sich vielmehr um eine typische Gleichgewichtsreaktion,* wie wir sie in der anorganischen Chemie beispielsweise beim Haber-Bosch-Verfahren (vgl. Ammoniak) kennengelernt haben. Das Gleichgewicht stellt sich verhältnismäßig langsam ein. Deswegen sind Veresterungen Vorgänge, die stets eine gewisse Zeit in Anspruch nehmen. Um das Gleichgewicht nach der Seite des Esters zu verlagern, kann man dafür sorgen, daß der Ester fortwährend aus dem Gleichgewicht entfernt wird. Das geschieht am einfachsten dadurch, daß man ihn laufend abdestilliert. Die meisten Ester sind sehr angenehm riechende, leicht verdampfende Flüssigkeiten, die man durch Erhitzen aus dem Gemisch entfernen und durch Abkühlung wieder kondensieren kann:

$$C_2H_5OH + CH_3COOH \rightleftarrows H_2O + CH_3COOC_2H_5$$

Ein weiterer Unterschied zwischen Neutralisation und Veresterung zeigt sich, wenn man nachprüft, welche Anteile der beiden Ausgangsverbindungen Alkohol und Säure das Wassermolekül bilden. *Bei der Neutralisation erscheinen im Wasser die Hydroxid-Gruppe der Lauge und der Wasserstoff der Säure.* Ganz anders verhält es sich bei der Veresterung. *Hier stammt der Wasserstoff zur Hälfte aus der OH-Gruppe der Lauge und zur Hälftc aus dcr Carboxylgruppe der Säure; die Carboxylgruppe liefert auch den Sauerstoff.* Eine Gegenüberstellung mag den Sachverhalt deutlich machen:

$$Na\boxed{OH} + \boxed{H}Cl \rightarrow \boxed{H_2O} + NaCl$$

$$C_2H_5O\boxed{H} + CH_3CO\boxed{OH} \rightleftarrows \boxed{H_2O} + CH_3COOC_2H_5$$

Schon aus diesem Grunde kann von einer Ionenreaktion keine Rede sein.

Es mag an dieser Stelle interessieren, wie der Chemiker über den Ablauf einer Reaktion Klarheit gewinnt. Im vorliegenden Fall benutzte man für die Veresterung einen Alkohol, dessen Sauerstoffatome zum Teil nicht aus dem üblichen Isotop mit dem Atomgewicht 16 bestanden, sondern durch das künstlich darstellbare Isotop mit dem Atomgewicht 18 ersetzt waren. Der entstehende Ester wurde auf seinen Gehalt an ^{18}O geprüft. Es zeigte sich, daß das Isotop ^{18}O ausschließlich im Ester, nicht aber im Wassermolekül zu finden war. Folglich konnte der Sauerstoff des Alkohols bei der Wasserbildung nicht beteiligt sein. Das Verfahren setzt allerdings voraus, daß man Isotope exakt voneinander unterscheiden kann. Das geschieht heute sehr sicher im sogenannten Massenspektrographen.

Ester sind Verbindungen, die sich neben Wasser in einer Gleichgewichtsreaktion aus Alkohol und Säure bilden.

Da es sich um eine Gleichgewichtsreaktion handelt, kann man das System durch entsprechende Eingriffe auch beliebig nach links verschieben: Ester müssen sich in Alkohol und Säure spalten lassen. Dieser Vorgang heißt Verseifung, da er – wie wir sehen werden – bei der Gewinnung von Seife aus Fetten eine große Rolle spielt. Verseifung eines Esters kann man erzwingen, indem man zum Beispiel in das Gemisch Lauge zugibt. Die Lauge neutralisiert die Säure, wodurch diese aus dem Gleichgewicht entfernt, »abgefangen« wird. Folglich läuft die Reaktion bevorzugt von rechts nach links ab:

$$C_2H_5OH + \underbrace{CH_3COOH}_{\text{Abfangen}} \rightleftarrows H_2O + CH_3COOC_2H_5$$

In entsprechender Weise konnte man ja bei der Veresterung (Vorgang von links nach rechts) die Esterbildung dadurch fördern, daß man den Ester abdestillierte. Er wurde dann stets wieder nachgeliefert.

Veresterung und Verseifung sind einander entsprechende, aber entgegengesetzt verlaufende Reaktionen. Welcher Vorgang sich abspielt, hängt von den äußeren Umständen ab.

Wir haben bisher nur *Essigsäureäthylester* als Beispiel angeführt. Diese Verbindung ist eine angenehm riechende Flüssigkeit, die als Lösungsmittel für Lacke, Kunststoffe, Farben und andere Substanzen sehr wichtig ist. Viele andere Ester zeichnen sich durch Geruch nach Früchten aus. So läßt sich Buttersäureäthylester $C_3H_7COOC_2H_5$ als Ananasaroma verwenden, und Buttersäureamylester $C_3H_7COOC_5H_{11}$ riecht nach Aprikosen. Zur Übung sei noch einmal die Bildung des letztgenannten Esters formuliert:

$$\begin{array}{lclcl} C_5H_{11}OH & + & C_3H_7COOH \rightleftarrows H_2O & + & C_3H_7COOC_5H_{11} \\ \text{Amyl- oder} & & \text{Buttersäure} & & \text{Buttersäure-} \\ \text{Pentylalkohol} & & & & \text{amylester} \end{array}$$

Selbstverständlich können bei Veresterungen anorganische Säuren die Rolle der organischen Säuren übernehmen:

$$2\,C_2H_5OH + H_2SO_4 \rightleftarrows 2\,H_2O + (C_2H_5)_2SO_4$$

Hierbei entsteht Schwefelsäurediäthylester. Verwendet man Salzsäure, so ergibt sich:

$$C_2H_5OH + HCl \rightleftarrows H_2O + C_2H_5Cl$$

Daraus ergibt sich, daß die Verbindung C_2H_5Cl, die wir früher als Chlorderivat des Äthans kennengelernt haben, auch als Salzsäureäthylester aufgefaßt werden kann.

Mehrwertige Alkohole können wie einwertige an Veresterungen teilnehmen. Ein bekannter Glycerinester ist der *Trisalpetersäureglycerinester*, meist fälschlich *Nitroglycerin* genannt:

$$\begin{array}{l} CH_2OH \\ | \\ CHOH \\ | \\ CH_2OH \end{array} + 3\,HNO_3 \rightleftarrows 3\,H_2O + \begin{array}{l} CH_2{-}NO_3 \\ | \\ CH{-}NO_3 \\ | \\ CH_2{-}NO_3 \end{array}$$

Nitroglycerin ist eine ölige, geruchlose Flüssigkeit, die bei Schlag oder Erschütterung außerordentlich heftig explodiert. Der schwedische Chemiker *Alfred Nobel (1833–1896)* fand, daß die Unberechenbarkeit des Nitroglycerins aufgehoben wurde, wenn man die Flüssigkeit in Kieselgur (feine, pulverige Kieselerde) aufsaugte. Dann vermag nur ein spezieller Zünder die Detonation auszulösen. Heute sind verschiedene Typen von Substanzen in Gebrauch, die man zum Aufsaugen verwendet. Mit der Erfindung dieses handhabungssicheren Sprengstoffs *Dynamit* trat die Technik des Stollen- und Tunnelbaues, aber auch die Kriegführung in ein neues Stadium.

Aufgaben: 1. Schreibe die Gleichung für die Bildung von Buttersäureäthylester!

2. Welche Formeln haben Ameisensäuremethylester und Essigsäureamylester?

Ketone

Wir haben bisher nur die Oxidationsprodukte primärer Alkohole betrachtet. Es waren dies die Aldehyde und die Carbonsäuren. Was ergibt die Oxidation eines sekundären Alkohols? Das Formelbild zeigt, daß auch hier zwei Wasserstoffatome vorhanden sind, die dem Molekül entzogen werden können. Sekundäre Alkohole lassen sich also ebenfalls dehydrieren. Ein Vergleich zeigt die Ähnlichkeit der Vorgänge:

Primärer Alkohol: $R{-}CH_2{-}OH + O \rightarrow R{-}C\begin{smallmatrix} \diagup H \\ \diagdown\!\!\diagdown O \end{smallmatrix} + H_2O$

Aldehyd

Sekundärer Alkohol: $\begin{smallmatrix} R_1 \diagdown \\ R_2 \diagup \end{smallmatrix} CH{-}OH + O \rightarrow \begin{smallmatrix} R_1 \diagdown \\ R_2 \diagup \end{smallmatrix} C = O + H_2O$

Keton

Die bei der Oxidation sekundärer Alkohole entstehenden Verbindungen werden allgemein Ketone genannt. Da nach der Oxidation kein Wasserstoffatom mehr am Kohlenstoff der ehemaligen Alkoholgruppe verbleibt, sind die Ketone durch die Keto-Gruppe $>C = O$ gekennzeichnet, deren zwei freie Wertigkeiten weiteren Kohlenstoff binden.

Daraus ergibt sich, daß das einfachste Keton die Verbindung Dimethylketon sein muß:

$$\begin{smallmatrix} CH_3 \diagdown \\ CH_3 \diagup \end{smallmatrix} C = O$$

Sie trägt auch den Namen *Aceton*.

Dementsprechend ist Aceton durch Oxidation des einfachsten sekundären Alkohols, des Propanol-(2), zugänglich:

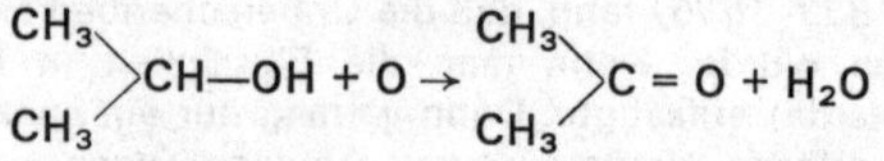

Der Sauerstoff, der bei der Oxidation verwendet wird, kann aus einem Oxidationsmittel stammen oder Luftsauerstoff sein.
Aceton ist eine farblose, angenehm riechende Flüssigkeit, die als Lösungsmittel vielseitig verwendbar ist. Auch für die Gewinnung von Arzneimitteln benötigt man Aceton. Die Darstellung erfolgt technisch nicht auf dem angegebenen Weg aus Propanol-(2), sondern geht von Kohlenwasserstoffen (Propen) aus, die bei der Verarbeitung von Erdöl anfallen. Auch hier erkennt man wieder die Bedeutung dieses natürlichen Rohstoffes.
Die Aldehyde reduzierten Fehlingsche Lösung und oxidierten sich dabei zu Carbonsäuren:

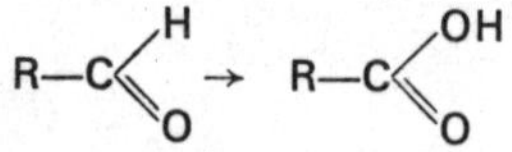

Dies ist bei Ketonen nicht möglich, da ihnen das Wasserstoffatom am Kohlenstoff fehlt. Sie sind aus diesem Grund weit beständigere Verbindungen als die Aldehyde. Übliche Oxidationsmittel vermögen sie nicht anzugreifen.

Die stärksten Oxidationsmittel bringen freilich auch die Ketone – wie alle organischen Verbindungen – in Reaktion und oxidieren sie bis zu den Endprodukten Wasser und Kohlendioxid. Dies kann man aber nicht als eine charakteristische Eigenschaft der Ketone ansehen, da das Molekül völlig zerstört wird.

Ketone sind die einzigen Oxidationsprodukte sekundärer Alkohole. Ihr Kennzeichen im Molekül ist die Keto-Gruppe $>C=O$. *Das wichtigste Keton ist das Dimethylketon oder Aceton.*

Aufgaben: 1. Schreibe die Gleichung für die völlige Oxidation von Aceton zu Wasser und Kohlendioxid!
2. Welche Strukturformel hat Methyläthylketon?

Zusammenfassung der Oxidationsprodukte

Wir haben noch nicht die Frage nach der Möglichkeit einer Oxidation tertiärer Alkohole gestellt. Wie die Formel aber leicht erkennen läßt, ist hier ähnlich wie bei den Ketonen keine Wasserbildung zu erwarten, da es an Wasserstoff mangelt, der mit dem Sauerstoff des Oxidationsmittels reagieren könnte:

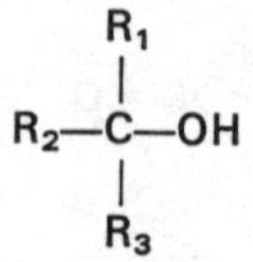

Aus diesem Grund sind tertiäre Alkohole überhaupt keiner Oxidation zugänglich, wenn man ausschließt, daß das Molekül durch Bildung von Wasser und Kohlendioxid völlig zerstört wird.

Tabelle 3: Schematische Verknüpfung von Alkoholen, Aldehyden, Carbonsäuren und Ketonen bezüglich einer Oxidationsfähigkeit

Alkohol	Erstes Oxidationsprodukt	Zweites Oxidationsprodukt
Primärer Alkohol R-CH_2-OH	Aldehyd R-CHO	Carbonsäure R-COOH
Sekundärer Alkohol R_2CH-OH	Keton R_2C = O	—
Tertiärer Alkohol R_3C-OH	—	—

Organische Rohstoffe

In den vorangegangenen Kapiteln wurden die wichtigsten Verbindungstypen der organischen Chemie vorgestellt. Immer wieder sind wir dabei auf die Frage gestoßen: Welche Quelle liefert diese oder jene Substanz im technisch notwendigen Ausmaß? Und immer wieder lautete die Antwort: Erdöl und Kohle stellen die großen Reserven an organischen Verbindungen dar. Damit ist gesagt, daß die Basis, auf der die organische Chemie aufbauen kann, verhältnismäßig klein ist. Nur zwei Rohstoffe, Erdöl und Kohle, lassen sich erfolgversprechend ausbeuten. Demgegenüber stehen der anorganischen Chemie vielseitigere Möglichkeiten offen. Luft liefert Sauerstoff und Stickstoff, Wasser ist in beliebigen Mengen verwendbar, Kalk bietet der Boden ebenso wie die Erze. Man darf aber nicht vergessen, daß die anorganische Chemie ihren Bedarf an den verschiedensten Elementen aus diesen Quellen decken muß, während der organische Chemiker allein auf den Kohlenstoff sein Augenmerk zu richten braucht.

Kohle

In vergangenen Jahrtausenden und Jahrmillionen bedeckten dichte Wälder weite Teile der Erde. Das meiste Pflanzenmaterial vermoderte und verweste nach dem Absterben. In günstigen Fällen blieben jedoch Holz und Blattmaterial in mehr oder weniger ursprünglichem Zustand erhalten. Das war immer dann möglich, wenn der zur Verwesung notwendige Sauerstoff nicht an die abgestorbenen Pflanzen herankommen konnte. Sumpfige Niederungen förderten die Umwandlung des Materials zur Kohle. Je tiefer die Pflanzenteile unter die Erdoberfläche gelangten, desto höher wurden Druck und Temperatur, so daß flüchtige Bestandteile sich nicht halten konnten.
Das erste Umwandlungsprodukt, das bei Luftabschluß aus Pflanzenmaterial entsteht, ist der *Torf*. Sein Alter beträgt oft nur wenige Jahrtausende, und der Wassergehalt liegt noch relativ hoch (75%). Infolgedessen ist der Heizwert von Torf gering. Gelangt das Material unter höhere Druck- und Temperaturverhältnisse, so bilden sich im Laufe von Jahrmillionen wasserärmere, schon stärker vom sogenannten Inkohlungsprozeß beeinflußte Massen, die *Braunkohle*. Ihr Alter liegt meist bei 30 bis 60 Millionen Jahren (tertiäre Braunkohle). Noch ältere Kohle hat fast ihren gesamten Wassergehalt verloren. Der Kohlenstoff konnte sich anreichern und den Heizwert beträchtlich steigern. Wir sprechen von *Steinkohle* und bei extrem guter Kohle von *Anthrazit*. Das Alter liegt hier bei rund 300 Millionen Jahren.

Chemisch besteht die Kohle aus Kohlenwasserstoffverbindungen, denen elementarer Kohlenstoff und Verunreinigungen beigemengt sind. Die Elemente Kohlenstoff, Wasserstoff, Sauerstoff, Stickstoff und Schwefel sind stets vorhanden.

Nutzung der Kohle

Torf und Braunkohle liegen meist nahe der Erdoberfläche und wurden schon von alters her als Brennstoff benutzt. Steinkohle ist meist tiefer gelagert und muß im Untertagebau gewonnen werden. Erst um 1800 begann der Siegeszug der Kohle als Brennmaterial, und kurze Zeit später erkannte man, daß sich aus dem spröden, schwarzen Material zahlreiche wertvolle chemische Verbindungen gewinnen lassen. Auch benötigte der Aufschwung der Eisen- und Stahlindustrie (vgl. anorganische Chemie) große Mengen Koks, der aus Steinkohle erzeugt wird. Bis zum Zweiten Weltkrieg blieb die Kohle der wichtigste Rohstoff der organischen Chemie und war auch für die anorganische Chemie unentbehrlich. Dann setzte die Vorherrschaft des Erdöls ein, worauf wir noch zu sprechen kommen werden.

Bei der Nutzung der Kohle unterscheidet man im wesentlichen vier Teilgebiete, nämlich die Verbrennung, die Entgasung, die Vergasung und die sogenannte Verflüssigung der Kohle.

Die *Verbrennung* stellt die primitivste Art der Verwendung dar. Kaum 10% der im Material enthaltenen Energie können praktisch genutzt werden, und die für die Chemie wichtigen Kohlenwasserstoffe oxidiert man zum Zweck der Wärmeerzeugung, ohne sie der Wirtschaft zuzuführen.

Bei der *Entgasung* trennt man die verdampfbaren Bestandteile der Kohle von den nicht flüchtigen, im wesentlichen vom Kohlenstoff. Das geschieht in hohen, schmalen, mit feuerfesten Steinen ausgekleideten Schachtöfen, die mit Steinkohle gefüllt und auf 1200° C erhitzt werden. Luft hat jedoch keinen Zutritt, so daß die Kohle nicht Feuer fängt, sondern einer trockenen Destillation unterworfen wird. Alle verdampfbaren Bestandteile verlassen den Schachtofen und werden als Rohgas weiterverarbeitet *(Abb. 10)*.

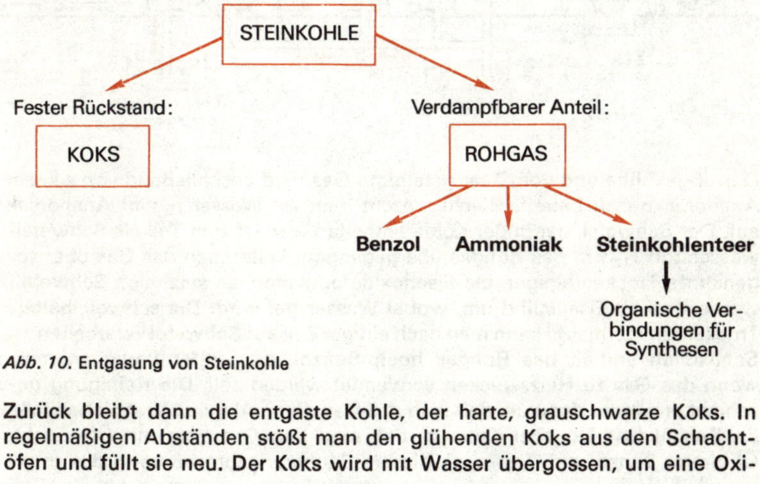

Abb. 10. Entgasung von Steinkohle

Zurück bleibt dann die entgaste Kohle, der harte, grauschwarze Koks. In regelmäßigen Abständen stößt man den glühenden Koks aus den Schachtöfen und füllt sie neu. Der Koks wird mit Wasser übergossen, um eine Oxidation an der Luft zu verhindern, und kann dann als Brennmaterial oder für chemische Zwecke (Vergasung, siehe *S. 47*), verwendet werden. Soll ein besonders hochwertiger Koks für die Verhüttung von Eisenerzen im Hochofen erzeugt werden, so ist das entstehende Rohgas nur Nebenprodukt. Die Anlagen heißen dann Kokereien. Stehen dagegen das Rohgas und seine Produkte im Vordergrund, so fällt der Koks nur in geringerer Qualität an, und wir sprechen von einem Gaswerk. Die Grundvorgänge im Schachtofen sind jedoch bei Kokerei und Gaswerk die gleichen.

Das Rohgas wird anschließend in seine Bestandteile zerlegt. Durch Abkühlung *(Abb. 11)* scheidet sich zunächst der Steinkohlenteer ab, eine unangenehm riechende, braunschwarze, schmierige Masse. Im vorigen Jahrhundert hielt man sie zunächst für wertlos. Dann aber erkannte man, daß im Teer eine große Zahl von organischen Verbindungen enthalten ist. Diese meist aromatischen Verbindungen (Benzol, siehe *S. 23–26*) kann man voneinander trennen und für die Synthese von Farbstoffen, Arzneimitteln und vielen anderen Produkten nutzen. Bis zum Vordringen des Erdöls war der Steinkohlenteer die wichtigste Quelle für organische Substanzen.

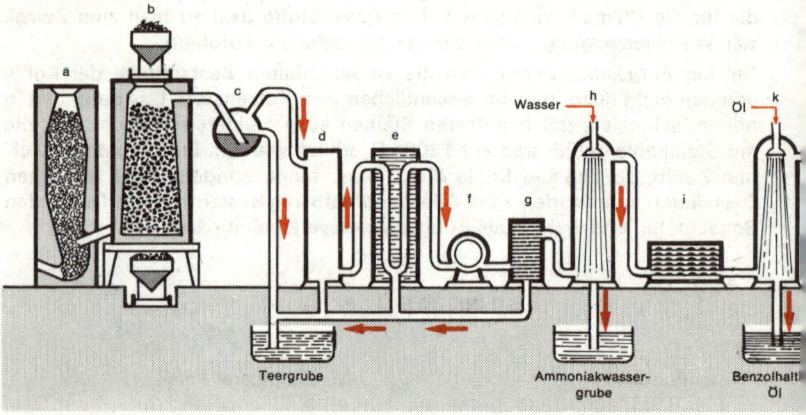

Das abgekühlte und vom Teer gereinigte Gas wird anschließend von seinem Ammoniakgehalt befreit. Hierzu wäscht man es: Wasser nimmt Ammoniak auf. Der Schwefel, der in der Kohle enthalten war, ist zum Teil als Schwefelwasserstoff H_2S in das Rohgas übergegangen. Leitet man das Gas über sogenannte Trockenreiniger, die Eisenoxide enthalten, so setzt sich Schwefelwasserstoff zu Eisensulfid um, wobei Wasser frei wird. Die schwefelhaltige Trockenreinigermasse kann man nach einiger Zeit auf Schwefel verarbeiten.

Schließlich enthält das Rohgas noch Benzol, das entfernt werden muß, wenn das Gas zu Heizzwecken verwendet werden soll. Die Reinigung geschieht entweder dadurch, daß man das Gas durch Aktivkohle streichen läßt, die Benzol festhält, oder dadurch, daß man den Gasstrom mit Öl wäscht; Öl nimmt Benzol auf. Erst nach diesem Säuberungsprozeß kann das sogenannte Stadtgas in die Haushaltungen geleitet werden. Es enthält im Durchschnitt etwa 50% Wasserstoffgas (meist zur Erhöhung und Regulierung des Heizwertes nachträglich zugesetzt), 35% Kohlenwasserstoffe (vor allem Methan), 10% Kohlenmonoxid (deswegen ist Stadtgas giftig), 4% Stickstoff und 1% Kohlendioxid.

Gegenüber der Verbrennung von Kohle bedeutet die Entgasung eine wesentliche Verbesserung der Nutzung: Koks, Benzol, Ammoniak und Teer fallen neben dem Stadtgas an.

Braunkohle unterwirft man vorzugsweise einer Schwelung bei etwa 500 °C. Hierbei entsteht neben dem sogenannten Grudekoks ein Rohgas, das viele für chemische Zwecke brauchbare organische Verbindungen enthält. Der Teer weist weniger aromatische als vielmehr zahlreiche Kettenkohlenwasserstoffe auf.

Die *Vergasung* als Methode der Kohlenutzung sucht auch noch den Feststoff Koks, der bei der Entgasung zurückbleibt, in den Gaszustand zu überführen. Da hierbei keine organischen Verbindungen erhalten werden, haben

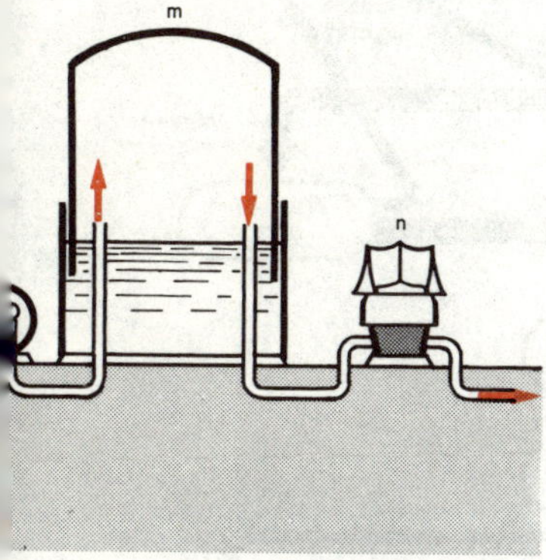

Abb. 11. Schema eines Gaswerkes

a = Wassergaserzeuger, liefert Wassergas zum Heizen des Kammerofens (b)
c = Teervorlage
d = Luftkühler
e = Wasserkühler
f = Gassauger
g = Teerscheider
(c–g: Abscheidung von Teer)
h = Ammoniakwäscher
i = Trockenreiniger, bindet H_2S und $(CN)_2$
k = Benzolwäscher
l = Gasmesser
m = Gasbehälter
n = Stadtdruckregler

wir die entsprechenden Verfahren in der anorganischen Chemie behandelt (vgl. Wassergas). An dieser Stelle sei nur das Ergebnis zusammengefaßt.
Generatorgas bildet sich beim Durchleiten von Luft durch glühenden Koks und besteht aus Stickstoff, Kohlenmonoxid und Kohlendioxid. Wassergas bildet sich beim Durchleiten von Wasserdampf durch glühenden Koks und besteht aus Wasserstoff, Kohlenmonoxid und Kohlendioxid. Da das erste Verfahren Wärme erzeugt, das zweite aber Wärme verbraucht, kombiniert man mitunter beide und erhält dann ein Mischgas, in dem alle Reaktionsprodukte enthalten sind.
Generator- und Wassergas haben vor allem für das Haber-Bosch-Verfahren in der anorganischen Chemie Bedeutung, das billigen Ammoniak liefert *(Abb. 12)*.

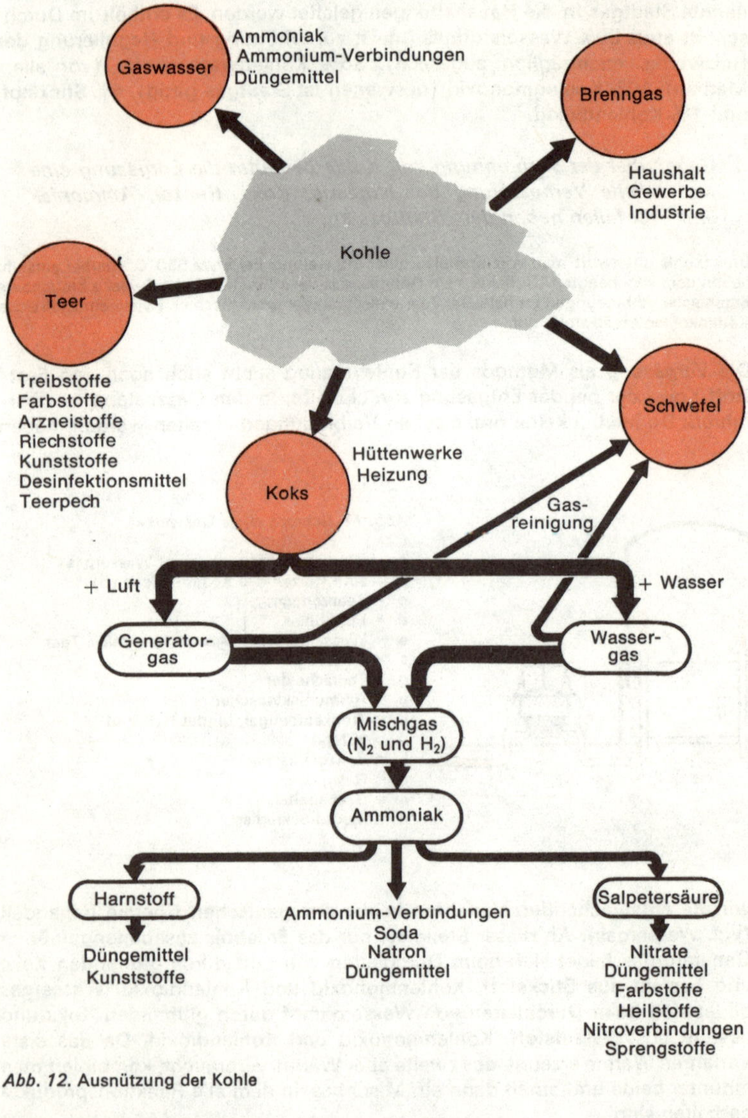

Abb. 12. Ausnützung der Kohle

Unter *Verflüssigung* der Kohle versteht man die Gewinnung von flüssigen Kohlenwasserstoffen, vor allem von Benzin und Dieselöl, aus Kohle. Verfahren hierzu wurden vor allem in Deutschland vor dem Zweiten Weltkrieg ausgearbeitet. Damals suchte man nach Möglichkeiten, die Treibstoffe unabhängig vom Erdöl zu erzeugen, denn die deutschen Erdölvorkommen reichen für eine Versorgung nicht aus. Kohle steht dagegen in großen Mengen zur Verfügung. Es gelang tatsächlich, dieses Ziel zu erreichen. Das *Bergius-Hochdruckverfahren* (benannt nach dem deutschen Chemiker *Friedrich Bergius [1884–1949]*) arbeitete unter ähnlichen Bedingungen wie das *Haber-Bosch-Verfahren* (200 at und ca. 400° C), während die Methode nach *Fischer-Tropsch* (benannt nach den deutschen Chemikern *Franz Fischer [1877–1948]* und *Hans Tropsch [1889–1935]*) Kohlenwasserstoffe bei Normaldruck und einer Temperatur von 200° C erzeugte. Während des Krieges konnte die Treibstoffversorgung Deutschlands auf diese Weise sichergestellt werden. Freilich liefert Erdöl das Benzin weit billiger, so daß die Kohleverflüssigung heute weltwirtschaftlich keine Rolle mehr spielt und hier nicht eingehender behandelt zu werden braucht. Immerhin kann man daraus lernen, daß die Chemie sehr wohl in der Lage ist, unter besonderen Bedingungen neue Wege zu finden, die entscheidenden Einfluß auf die Politik haben.

Im Gegensatz zu der historisch interessanten Verflüssigung hat die Vergasung der Kohle noch heute große Bedeutung. Sie liefert billige Heiz- und Synthesegase.

Aufgaben:

1. Was versteht man unter Inkohlung?
2. Worin liegt der Unterschied zwischen einer Kokerei und einem Gaswerk?
3. Warum kann man Braunkohlen meist im Tagebau nutzen, während Steinkohle nur im Untertagebau zugänglich ist?

Erdöl

Erdöl ist wie die Kohle organischen Ursprungs. Es entstand jedoch nicht auf dem Festland, sondern in Meeren, wo sich am Grund vor allem Mikroorganismen unter Sauerstoffmangel absetzten, von Schlickschichten überdeckt wurden und schließlich unter erhöhtem Druck einer Umwandlung unterworfen waren. Kleine Tiere und Algen haben das Rohmaterial für das Erdöl geliefert. Faulschlamm, wie er auch heute am Boden bestimmter Meeresgebiete auftritt, muß als Vorstufe der Erdölbildung angesehen werden. Ein Vergleich von Kohle und Erdöl mag dies verdeutlichen:

Tabelle 4: Die Entstehung von Kohle und Erdöl

	Kohle	Erdöl
Ausgangsstoffe	Cellulose und Lignin von Pflanzen	Fett und Eiweiß von Pflanzen und Tieren
Erste Umwandlung	Torf	Faulschlamm
Weitere Umwandlung	Braunkohle Steinkohle	Erdöl

In beiden Fällen spielt das Fehlen von Sauerstoff die wichtigste Rolle, denn andernfalls wäre es zu einer Verwesung des organischen Materials gekommen. Durch spätere Überdeckung mit Erdschichten sank das Öl in die Tiefe, wurde zum Teil in benachbarte Schichten gepreßt und wird heute fast nie an der ursprünglichen Lagerstätte gefunden. Zu einer Ansammlung von Erdöl kommt es immer dann, wenn Schichten, die Wasser und Öl nicht durchdringen können, als Sperren wirken und so die Flüssigkeiten ansammeln. *Erdgas* tritt unter bestimmten Bedingungen aus dem Öl aus und reichert sich ebenfalls an.

Erdgas besteht zum größten Teil aus Methan. Man schätzt es heute als Ausgangssubstanz für organische Synthesen und als Heizgas. Zu diesem Zweck setzt man es – neuerdings auch in Deutschland – dem Stadtgas zu. Das Fehlen von giftigem Kohlenmonoxid ist ein Vorteil. Um Vorräte speichern zu können, nutzt man in immer stärkerem Umfang unterirdische Hohlräume wie aufgelassene Salzlager oder dergleichen.

Einen schematischen Schnitt durch ein Erdölvorkommen zeigt *Abb. 13*. Das Öl steht über dem schwereren Wasser, doch unter dem leichten Erdgas. Poröse Sandschichten sind besonders gute Ölspeicher.

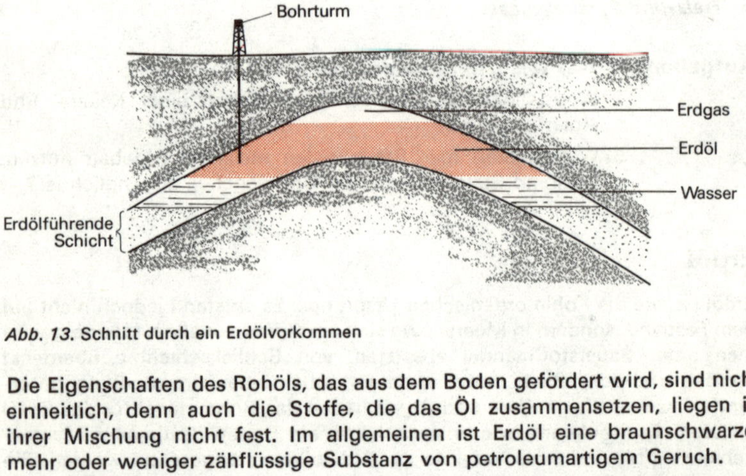

Abb. 13. Schnitt durch ein Erdölvorkommen

Die Eigenschaften des Rohöls, das aus dem Boden gefördert wird, sind nicht einheitlich, denn auch die Stoffe, die das Öl zusammensetzen, liegen in ihrer Mischung nicht fest. Im allgemeinen ist Erdöl eine braunschwarze, mehr oder weniger zähflüssige Substanz von petroleumartigem Geruch.

Chemisch handelt es sich beim Erdöl um eine komplizierte Mischung von flüssigen Kohlenwasserstoffen, in denen feste und gasförmige gelöst sind. Der Gehalt an aromatischen und Kettenkohlenwasserstoffen schwankt je nach Fundort sehr stark.

Vergleicht man Kohle und Erdöl, so zeigt sich, daß beide Substanzgemische trotz aller Unterschiede doch eine Gemeinsamkeit aufweisen. Sie speichern in sich die Energie, die die Sonne vor Millionen von Jahren der Erde geliefert hat. Ob aus Pflanzen oder Tieren entstanden – Sonnenenergie wurde in jedem Fall gebunden. So lebt denn eigentlich die Weltwirtschaft der Gegenwart von den Vorräten der Vergangenheit und sollte sich derTatsache bewußt sein, daß diese Reserven nicht unerschöpflich sind.

Gewinnung des Erdöls

Erdöl tritt nur sehr selten von selbst an der Erdoberfläche aus. Für eine ergiebige Nutzung muß man tiefere Schichten anbohren. Geologen vermögen heute mit ziemlicher Sicherheit zu sagen, ob ein bestimmtes Gebiet »erdölhöffig« ist. Dennoch sind meist zahlreiche Probebohrungen nötig, ehe man auf Öl stößt. Die Erkundung neuer Ölfelder ist darum ein zeitraubendes und kostspieliges Unternehmen, das sich nur große Firmen leisten können. So erklärt es sich, daß die Ölvorkommen der Welt in der Hand einiger weniger Gesellschaften sind.

Man bohrt mit Hilfe von Stahlrohren, an deren Spitze eine harte Bohrkrone befestigt ist, kilometertiefe Löcher in den Grund. Stößt man auf eine ölführende Schicht, wie dies *Abb. 13* zeigt, so sorgt der dort herrschende Druck dafür, daß das Öl nach oben gepreßt wird. Die *Bohrung* ist fündig geworden. Freilich kann man auch Erdgas oder Wasser erbohren, wenn das Stahlrohr gerade in diese Lager eindringt. Im Laufe der Zeit läßt die Ergiebigkeit einer Quelle im allgemeinen nach. Dann muß das Öl an die Oberfläche gepumpt werden. Preßt man Luft oder Wasser in die ölführende Schicht, so

Die Shell-Raffinerie Godorf bei Köln verarbeitet im Jahr 8,3 Millionen Tonnen Erdöl, das in einer Pipeline von Rotterdam aus geliefert wird. Die Raffinationsprodukte werden zum Teil ebenfalls in einer Rohrleitung bis zur BASF in Ludwigshafen transportiert

Ein Gewirr von Rohrleitungen kennzeichnet die moderne Erdölraffinerie. Das Bild zeigt die Anlage der BP in Finkenwerder kann man den Druck künstlich noch einige Zeit steigern. Dann aber ist die Bohrung erschöpft. Die Firmen sind daher gezwungen, fortwährend neue Lager zu erschließen. Heute dringt man sogar bereits in Flachmeergebiete vor, da auch unter Wasser ölhaltige Schichten zu finden sind. Tiefseebohrungen stehen erst im Versuchsstadium. Das Bedürfnis nach immer größeren Mengen wird aber auch hier zweifellos die Forschungen vorantreiben.

Verarbeitung des Erdöls

Öl, das aus dem Boden kommt, heißt *Rohöl*. Es muß zunächst entgast werden, damit die Explosionsgefahr bei der Lagerung verringert wird. Ferner ist eine Entwässerung und Entsalzung nötig, um die Korrosion an Tanks und Leitungen zu unterbinden. Da die Erdöllager meist nicht an den wichtigsten Verbraucherzentren liegen, transportiert man das Rohöl in Pipelines oder auf Tankern an die Stellen der Verarbeitung, zu den *Raffinerien*.
Das Problem bei der Erdölverarbeitung ist die Trennung der so zahlreichen Verbindungen. Da es sich um ein Stoffgemenge handelt, nutzt man die Möglichkeiten der *Destillation:* In den Raffinerien wird das Rohöl in den sogenannten Röhren-Heizöfen auf etwa 400° C erhitzt. Die Kohlenwasserstoffe verdampfen und gehen in den Destillierturm über. Destilliertürme von mehr als 30 Metern Höhe sind das Wahrzeichen jeder Raffinerie. Hier kühlt sich nämlich das Kohlenwasserstoffgemisch beim Durchgang von unten nach oben *(Abb. 14)* allmählich bis auf Normaltemperatur ab, und in den eingebauten »Glockenböden« kondensiert je nach Siedepunkt eine bestimmte Gruppe von Kohlenwasserstoffen. Betrachten wir ein Beispiel:

Schwerbenzin siedet zwischen 100 und 120° C. In den unteren Bereichen des Destillierturms liegt die Temperatur so hoch, daß das Schwerbenzin gasförmig bleibt und durch die nachfolgenden Dämpfe nach oben gedrängt wird. Erreicht es den Glockenboden der Temperaturstufe 100 bis 120° C, so verflüssigt sich das Schwerbenzin und kann dort abgezogen werden.

Leichtbenzin hat jedoch einen niedrigeren Siedepunkt (70 bis 100° C) und setzt sich erst in dem nächsthöheren »Stockwerk« ab.
Gase wie *Methan, Äthan* und dergleichen können sogar an der Spitze unmittelbar abgezogen werden.

Wie *Abb. 14* zeigt, kann die Destillation noch dadurch modifiziert werden, daß man unter vermindertem Druck arbeitet. So behandelt man die schwerflüchtigen Rückstände.

Die Zerlegung des Rohöls in einzelne Stoffgruppen bestimmter Siedepunkte nennt man fraktionierte Destillation.

Die Fraktionen, die sich auf den einzelnen Horizonten sammeln, kann man anschließend weiter aufspalten und je nach Verwendungszweck reinigen. Wir brauchen hierauf nicht einzugehen. Mengenmäßig sind die Hauptprodukte der Erdölraffination das *Benzin*, das *Dieselöl*, das *Heizöl* und das *Schmieröl*. Als festen Destillationsrückstand erhält man das *Erdölpech* (Asphalt).

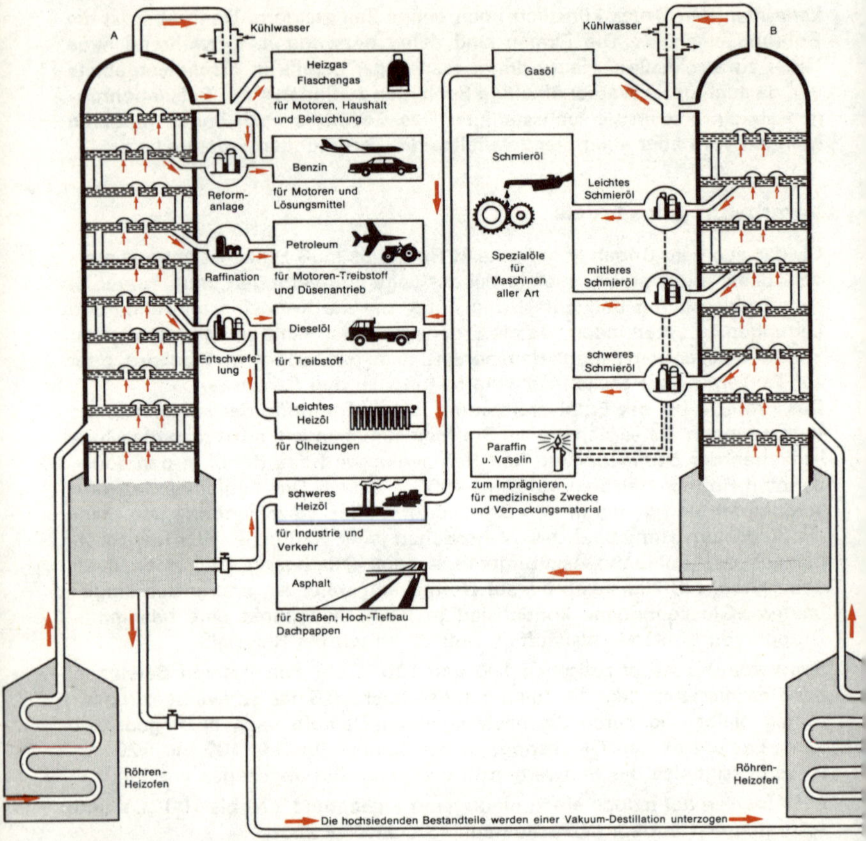

Abb. 14. Erdölverarbeitung
A = Destillation bei Normaldruck B = Destillation bei vermindertem Druck

Die Mengen an Destillationsprodukten sind von Natur aus ziemlich konstant. Der Bedarf ändert sich jedoch laufend. Noch vor 25 Jahren stand Benzin im Vordergrund des Interesses, und Heizöl fand kaum Abnehmer. Heute hat sich die Sachlage gewandelt. Heizöl ist durch intensive Werbung zum wichtigsten Produkt geworden; es hat das Benzin überflügelt. Danach muß sich auch die Erdölraffination richten. Sie hat Verfahren ausgearbeitet, welche die Anteile der einzelnen Fraktionen beliebig verändern und der jeweiligen Marktlage anpassen können. Eine der ältesten, bis heute immer wieder modifizierten Methoden ist das sogenannte *Cracken*. Man kann damit Schmieröle und andere höher siedende Fraktionen in Benzine verwandeln. Auf ähnliche Weise gewinnt man heute größere Mengen von Gasen (Äthen, Propen und andere), die für die Erzeugung von Acetaldehyd, Glycerin, aber auch von Kunststoffen dringend benötigt werden.

Durch verschiedene Verfahren ist es möglich, die Fraktionsanteile dem tatsächlichen Bedarf anzupassen. Heute ist Heizöl das begehrteste Erdölprodukt.

Tabelle 5 gibt die bei der fraktionierten Destillation auftretenden Verbindungsgruppen in vereinfachter Form wieder.

Tabelle 5: Auftretende Verbindungsgruppen bei der fraktionierten Destillation

Verbindungsgruppe	Siedebereich	Verwendung
Gase (C_1-C_4)	unter 40 °C	Heizgase, Flaschengas, Synthesegase
Benzine (C_5-C_9)		
Petroläther	40– 70 °C	Lösungsmittel, Fleckenwasser
Leichtbenzin	70–100 °C	Waschbenzin, Flugzeugbenzin
Schwerbenzin	100–120 °C	Kraftfahrzeugbenzin
Ligroin (Putzöl)	120–150 °C	Lösungsmittel, Putzöl
Petroleum (C_9-C_{16})		
Leuchtöl	150–250 °C	Petroleumlampen
Gasöl	250–350 °C	Treibstoff für Dieselmotoren
Schmieröle ($C_{17}-C_{30}$)	350–400 °C	
Heiz- und Dieselöl		Ölfeuerungen, Dieselmotoren
Schmieröle		Maschinenöle
Vaseline		Salbengrundlage, Lederfett,
Paraffin		Kerzenmasse, Isoliermittel
Rückstand ($C_{31}-C_{70}$)	über 400 °C	Straßenbau, Dachpappe

Aufgaben: 1. Warum destilliert man die schwerflüchtigen Rückstände unter vermindertem Druck?

2. Welche Fraktion wird wohl im vorigen Jahrhundert vor Beginn der Motorisierung die wichtigste gewesen sein?

Klopffestes Benzin

Reines Benzin ist ein Stoffgemenge, das im wesentlichen aus den Kohlenwasserstoffen Pentan, Hexan, Heptan und Octan besteht. Es ist für die Verwendung in einem Motor (Ottomotor) ungeeignet. Das liegt an der Neigung des Benzins, bei erhöhter Motorbelastung oder hohen Betriebstemperaturen zu klopfen.

Unter Klopfen versteht man beim Motor die vorzeitige Zündung des Benzin-Luft-Gemisches im Zylinder.

Normalerweise soll der Zündfunken das Benzin-Luft-Gemisch zur Explosion bringen, wenn sich der Kolben kurz vor dem oberen Totpunkt befindet. Unter den erwähnten Bedingungen und auch bei den heute üblichen hohen Verdichtungen im Motor zündet das Gemisch jedoch früher als vorgesehen. Der Kolben wird in der Aufwärtsbewegung gebremst und vorzeitig nach unten gedrückt. Auf diese Weise überträgt sich der Druck im falschen Zeitpunkt auf Pleuelstange und Kurbellager. Die Erscheinung macht sich durch leichtes Klingeln bemerkbar, das sich zu hartem Stampfen steigern kann. Dieses Klopfen schädigt verständlicherweise den Motor.

Man kann das Klopfen durch verschiedene Maßnahmen verhindern. Es hat sich gezeigt, daß ungeeignetes Benzin die Hauptursache ist. Reines Benzin mit seinen unverzweigten Ketten erweist sich als sehr klopffreudig. Verzweigte Ketten neigen weniger zu verfrühten Zündungen. Um einen Maßstab zu erhalten, hat man die sogenannte Octanzahl eingeführt. Einem Benzin, das als einzige Verbindung das sehr klopffeste Isooctan 2,2,4-Trimethylpentan

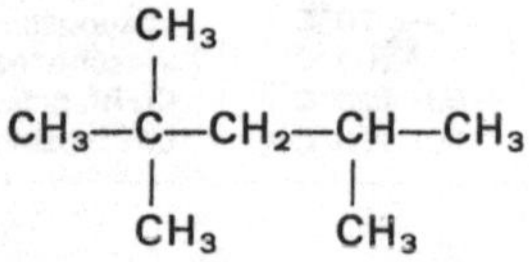

enthält, gab man willkürlich die Octanzahl 100. Ein Benzin aus n-Heptan, einer sehr klopffreudigen Verbindung, erhielt die Octanzahl 0. Die üblichen Benzingemische mußten demnach zwischen den Octanzahlen 0 und 100 liegen.

Beispiel: Ein Benzin mit der Octanzahl 90 verhält sich hinsichtlich des Klopfens so, als bestünde es aus 90% Isooctan und 10% n-Heptan.

Günstig wirkt sich auch ein Zusatz von Benzol oder Äthanol aus. Sehr umstritten ist die Zugabe kleiner Mengen von *Bleitetraäthyl* Pb $(C_2H_5)_4$, einer Verbindung, die das Benzin klopffester macht. Ihr Nachteil liegt in der Verunreinigung der Luft durch Blei, das mit den Auspuffgasen ins Freie gelangt.

Die Octanzahl ist ein Maß für die Klopffestigkeit eines Motorenbenzins: Je höher die Octanzahl, desto geringer die Neigung zum Klopfen.

Aromatische Verbindungen

Als einzigen Stoff mit aromatischem Bindungszustand haben wir bisher das *Benzol* kennengelernt (Kohlenwasserstoffe, siehe *S. 23–26*). Benzol kann man – wie wir gesehen haben – sowohl aus Kohle als auch aus Erdöl gewinnen. In diesen Rohstoffen sind jedoch noch viele andere Verbindungen enthalten, die sich hinsichtlich ihrer Eigenschaften an das Benzol anschließen. Wir wollen einige erwähnen.

Aus Steinkohlenteer läßt sich eine aromatische Verbindung der Formel $C_{10}H_8$ isolieren, der man den Namen *Naphthalin* gegeben hat. Sie enthält zwei Ringsysteme des Benzols, wobei zwei Kohlenstoffatome jeweils gemeinsam benutzt werden. So ergibt sich die Formel der *Abb. 15.* Naphthalin kristallisiert in weißen, glänzenden Blättchen. Man hat die Substanz früher als Mottenpulver verwendet (charakteristischer Geruch), doch kennt man heute wirkungsvollere Mittel. Die Bedeutung des Naphthalins ist freilich nicht geringer geworden, denn die organische Chemie schätzt die Verbindung als Ausgangsprodukt für Farbstoffe.

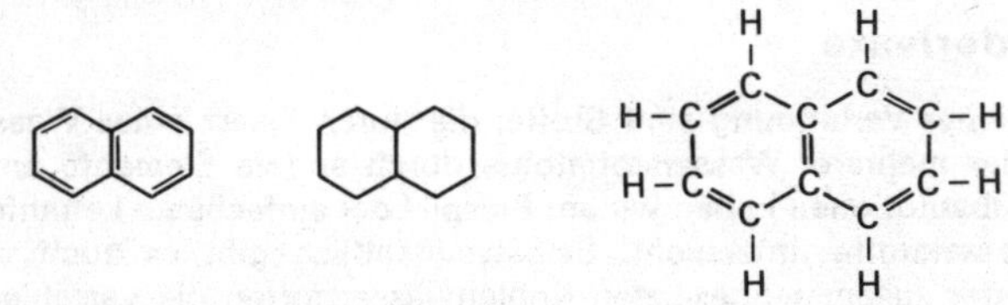

Abb. 15. Das Molekül des Naphthalins $C_{10}H_8$

Naphthalin ist das einfachste Beispiel für ein sogenanntes ***kondensiertes Ringsystem.*** Hierbei liegen zwei Kohlenstoffatome jeweils in benachbarten Benzolringen. Man kann die Vereinigung von Ringen beliebig fortsetzen. Fast alle derartigen Verbindungen finden sich im Steinkohlenteer. Hier seien noch das *Anthracen* und das *Phenanthren* genannt, deren Formel *Abb. 16* wiedergibt. Wie man sieht, sind beide Verbindungen als Isomere mit der gleichen Bruttoformel $C_{14}H_{10}$ zu betrachten. Der Strukturunterschied liegt in einer andersartigen Verknüpfung der drei Benzolringe im Molekül.

Einige kondensierte Ringsysteme haben sich als krebserregende Stoffe herausgestellt. Sie sind die Ursache dafür, daß Teer und Rauch, wie er beim Verbrennen von Steinkohle entsteht, Krebs auslösen können. Als besonders gefährlich gilt das Benzpyren, ein kondensiertes Ringsystem, das fünf Benzolringe enthält.

Die kondensierten Ringsysteme (Naphthalin, Anthracen, Phenanthren und andere) zeigen wie Benzol aromatischen Charakter, da bei ihnen die Elektronen über das gesamte Molekül hin verschiebbar sind. Es liegt ein hoher Grad von Mesomerie vor.

Anthracen $C_{14}H_{10}$

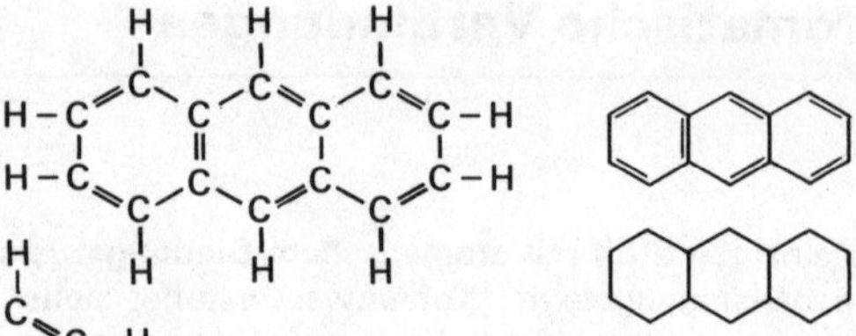

Phenantren $C_{14}H_{10}$

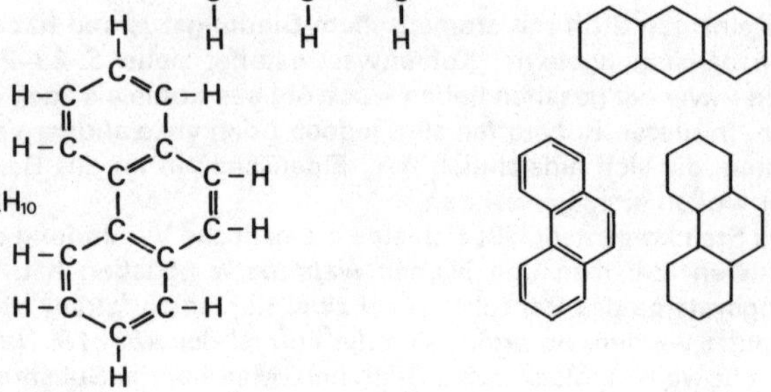

Abb. 16. Die Moleküle des Anthracens und des Phenanthrens

Benzolderivate

Derivate einer Verbindung sind Stoffe, die durch Ersatz eines Wasserstoffatoms oder mehrerer Wasserstoffatome durch andere Elemente entstehen. Solche Substitutionen haben wir am Beispiel der einfachsten kettenförmigen Kohlenwasserstoffe untersucht. Selbstverständlich gibt es auch von den komplizierter zusammengesetzten Kohlenwasserstoffen die verschiedensten Derivate. Sie sind aber nur zum Teil von praktischer Bedeutung. Auch genügt es, das Prinzip einer Substitution zu kennen.

Bei Ringsystemen ergeben sich gewisse Abweichungen hinsichtlich der Zahl, der Bildungsweise und der Benennung von Derivaten. Daher sei hier am Benzol das Wichtigste über die Verhältnisse bei aromatischen Verbindungen gesagt. Die Ergebnisse lassen sich ohne Schwierigkeiten auf Naphthalin und die übrigen kondensierten Ringsysteme übertragen.

Brom und andere Halogene werden von Benzol unter normalen Bedingungen nicht angelagert. Es erfolgt auch keine Substitution. Der aromatische Bindungszustand mit der gleichmäßigen Verteilung der Elektronen über den Ring verhindert dies; im Benzol liegen ja keine Doppelbindungen im Sinn einer Alken-Doppelbindung vor. Dennoch gelingt es unter Verwendung eines Katalysators (Eisen), ein Wasserstoffatom des Benzols durch Brom zu ersetzen. Es entsteht *Monobrombenzol* C_6H_5Br. Erwartungsgemäß kennt man nur ein einziges Monobrombenzol. Die sechs Kohlenstoffatome sind für die Bindung des Broms absolut gleichberechtigt, da der aromatische Zustand im Molekül nach der Erkenntnis Kekulés keine Unterscheidung in der Lage der Doppelbindungen zuläßt *(August Kekulé von Stradonitz [1829–1896]* – deutscher Chemiker).

Aus diesem Grund sind die Verbindungen, die die folgenden beiden Formeln wiedergeben, identisch:

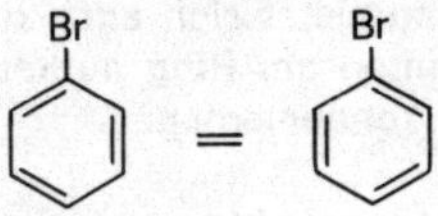

Anders liegt der Fall, wenn zwei Bromatome in das Benzol eintreten. Dann ergeben sich je nach dem Abstand, den die beiden Substituenten voneinander haben, drei Möglichkeiten:

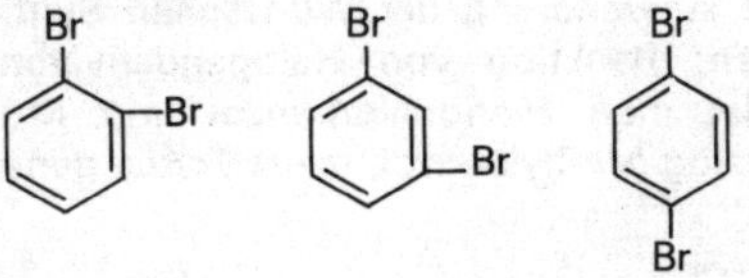

Die drei *Dibrombenzole* unterscheiden sich in ihrer Bildungsweise, aber auch in ihren chemischen und physikalischen Eigenschaften. Sie sind echte Isomere, da sie ja die gleiche Bruttoformel haben.
Bei einer Benennung von Benzolderivaten muß man die Stellung der Substituenten am Ring genau angeben können. Für Disubstituenten eröffnen sich zwei Möglichkeiten. Die eine geht davon aus, daß man die Kohlenstoffatome des Benzolrings im Uhrzeigersinn numeriert und die Stellung der Substituenten durch die Ziffern angibt:

Die drei Dibrombenzole sind dann 1,2-Dibrombenzol, 1,3-Dibrombenzol und 1,4-Dibrombenzol.

Man erkennt leicht, daß ein 1,5-Dibrombenzol mit dem 1,3-Dibrombenzol identisch ist; desgleichen die 1,6-Verbindung mit der 1,2-Verbindung. Man verwendet naturgemäß die kleineren Ziffern.

Eine ältere Benennungsmöglichkeit, die aber heute ebenfalls noch benutzt wird, geht von den griechischen Silben *ortho-*, *meta-* und *para-* aus (*abgekürzt:* o-, m- und p-). Das Beispiel der Dibrombenzole möge zum Vergleich der Namen dienen:

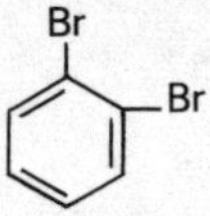

1,2-Dibrombenzol = ortho-Dibrombenzol = o-Dibrombenzol

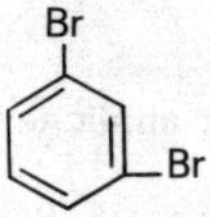

1,3-Dibrombenzol = meta-Dibrombenzol = m-Dibrombenzol

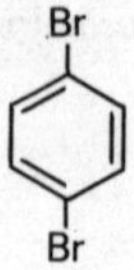

1,4-Dibrombenzol = para-Dibrombenzol = p-Dibrombenzol

Die Numerierung bietet sich auch dann an, wenn mehr als zwei Substituenten am Ring auftreten. Hierfür werden wir noch Beispiele kennenlernen.

Vom Benzol gibt es nur ein einziges Monosubstitutionsprodukt, jedoch drei Disubstitutionsprodukte. Die letzteren sind Isomere.

Durch geeignete Methoden wird es auch möglich, Kettenkohlenwasserstoffe (Alkane, Alkene, Alkine) mit dem Benzolkern zu verknüpfen. Man kann für diesen Zweck eine Abwandlung der Wurtzschen Synthese (Alkane, siehe *S. 13–16*) benutzen: Reaktion von Halogenderivaten mit metallischem Natrium. Verwendet man Monochlorbenzol und Monochlormethan, so ergibt sich ganz analog Methylbenzol, meist *Toluol* genannt:

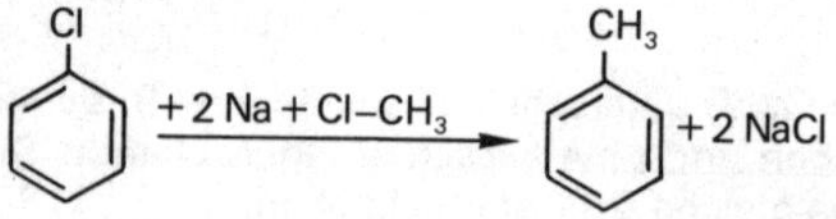

Toluol, $C_6H_5CH_3$, ähnelt in seinen Eigenschaften dem Benzol. Die wasserklare, aromatisch riechende Flüssigkeit dient als Lösungsmittel und ist wichtig als Ausgangsstoff für Farben und Sprengstoffe (Nitroverbindungen, siehe *S. 62*).
Als Monosubstitutionsprodukt des Benzols gibt es vom Toluol keine Isomeren. Sobald jedoch zwei Methylgruppen ins Molekül eintreten, erhalten wir wieder die schon bei den Bromderivaten erwähnten drei Möglichkeiten; Dimethylbenzol heißt auch *Xylol:*

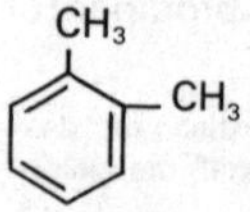

1,2-Dimethylbenzol = ortho-Xylol = o-Xylol

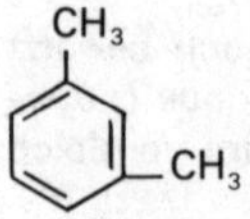

1,3-Dimethylbenzol = meta-Xylol = m-Xylol

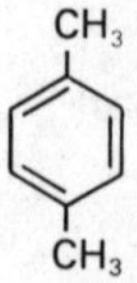

1,4-Dimethylbenzol = para-Xylol = p-Xylol

Xylol kommt wie Benzol und Toluol im Steinkohlenteer vor, hat ähnliche Eigenschaften und Anwendungsgebiete.

Bei Toluol, Xylol und den übrigen nach dem gleichen Strukturprinzip gebauten Verbindungen unterscheidet man bei den chemischen Reaktionen den *Kern* (Benzolkern) von den *Seitenketten*. Die letzteren entsprechen den Kettenkohlenwasserstoffen, die mit dem Benzol verknüpft wurden.

Beispiel: In der Verbindung Toluol $C_6H_5CH_3$ sind der sogenannte *Phenylrest* C_6H_5— der Kern, der Methylrest CH_3— die Seitenkette.

Toluol und Xylol sind Glieder einer homologen Reihe, der Benzolreihe. Sie unterscheiden sich nur wenig voneinander, doch verlaufen Reaktionen am Kern unter anderen Bedingungen als Reaktionen an der Seitenkette.

Als ein Beispiel für den Unterschied in den Reaktionsbedingungen mag die Einwirkung von Halogenen auf Toluol gelten. Läßt man Brom in Gegenwart eines Katalysators (Eisen) bei Zimmertemperatur auf Toluol einwirken, so tritt das Halogen in den Kern ein:

(Man erinnere sich daran, daß an der Stelle, wo Brom ins Molekül eintritt, ein Wasserstoffatom substituiert ist; das Wasserstoffatom wird am Ring nicht geschrieben, erscheint aber im Molekül HBr!)

Läßt man Chlor auf siedendes Toluol einwirken und sorgt für intensive Belichtung (Sonnenlicht), so erfolgt die Reaktion ohne Anwesenheit eines Katalysators, doch tritt das Halogen in die Seitenkette ein:

Man erkennt, daß es außerordentlich viele Möglichkeiten gibt, Wasserstoffatome an Benzolhomologen zu substituieren. Zudem kennt man ja zahlreiche Gruppen (funktionelle Gruppen genannt), die sich in die Ringsysteme und Seitenketten einführen lassen. Als Beispiele seien genannt: Halogene, Hydroxy-, Aldehyd-, Carboxyl-, Keto- und viele andere Gruppen. Wir wollen an dieser Stelle zwei davon erwähnen, die gerade bei aromatischen Verbindungen eine große Rolle spielen und die bisher noch nicht erwähnt wurden: die *Nitro-* und die *Amino*-Gruppe.

Aufgaben:

1. Zeige, daß Dimethylbenzol und Äthylbenzol isomer sind!
2. Wie ist die bei der Bromierung von Toluol entstehende Verbindung zu benennen?
3. Welche Strukturformel hat Hexamethylbenzol?

Nitroverbindungen

Konzentrierte Salpetersäure ist ein starkes Oxidationsmittel. Organische Verbindungen – vor allem aromatische – werden unter Wasserbildung nitriert. Es entstehen *Nitroverbindungen*. Sie sind durch die *Nitrogruppe* $—NO_2$ ausgezeichnet.
Die Reaktion verläuft am Benzol besonders glatt, wenn man die konzentrierte Salpetersäure mit konzentrierter Schwefelsäure mischt (sogenannte Nitriersäure). Die Schwefelsäure beteiligt sich nicht an dem eigentlichen Nitrierungsvorgang, sondern bindet nur das entstehende Wasser (Verschiebung des Gleichgewichts nach rechts!):

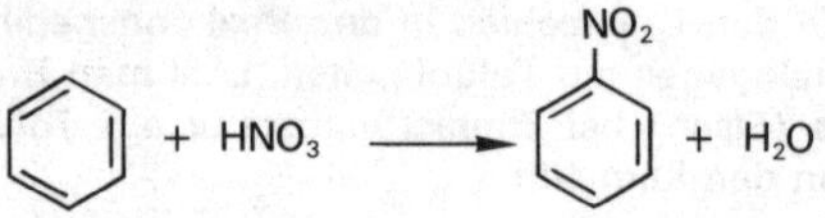

Aus Benzol entsteht *Nitrobenzol,* $C_6H_5NO_2$. Die Verbindung stellt eine ölige, gelb gefärbte, mit Wasser kaum mischbare Flüssigkeit dar, die intensiv nach bitteren Mandeln riecht. Sie ist jedoch giftig und kann nicht als »Bittermandelaroma« verwendet werden. Um so wichtiger ist Nitrobenzol als Zwischenprodukt für Farbstoffe und als Ausgangsstoff für Anilin.
Nitroverbindungen mit mehreren Nitrogruppen neigen zur Explosion, da sie viel Sauerstoff im Molekül tragen. Bekannt ist der Sprengstoff *Trinitrotoluol,* meist kurz Trotyl oder TNT genannt. TNT wird als Bezugssprengstoff für Atombombenexplosionen verwendet; die Vernichtungskraft einer Atombombe vergleicht man mit der einer bestimmten Menge TNT. Chemisch stellt man TNT durch intensive Nitrierung von Toluol dar. Die Nitrogruppen treten symmetrisch ins Molekül ein:

2,4,6-Trinitrotoluol

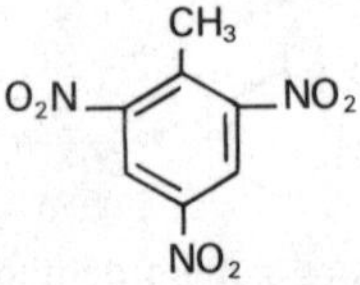

Nitroverbindungen entstehen aus aromatischen Kohlenwasserstoffen durch Einwirkung von Nitriersäure. Sie enthalten die Nitrogruppe $—NO_2$.

Amine

Aromatische Nitroverbindungen lassen sich leicht zu *Aminen* reduzieren. Amine enthalten im Molekül die *Amino-Gruppe* $—NH_2$. Die Reduktion gelingt besonders einfach durch Wasserstoff, der bei der Reaktion von Zink mit Salzsäure gebildet wird:

$$Zn + 2HCl \rightarrow ZnCl_2 + H_2$$

Derartiger Wasserstoff ist deshalb so reaktionsfähig, weil er zunächst für Bruchteile von Sekunden noch atomar auftritt. Erst dann vereinigen sich zwei Atome Wasserstoff zu einem Molekül H_2, das träger ist. Der atomare Wasserstoff greift die Nitroverbindungen an:

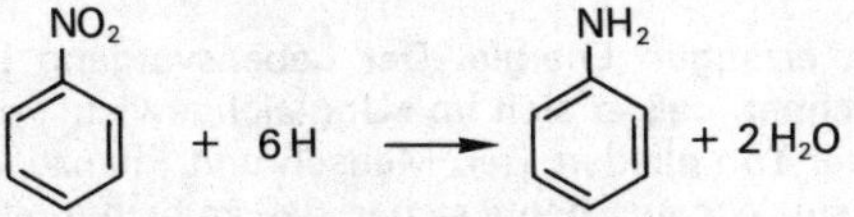

Aus Nitrobenzol entsteht auf diese Weise Aminobenzol, meist *Anilin* genannt. Anilin ist eine ölige Flüssigkeit, die in frischem Zustand farblos erscheint, an der Luft aber dunkelt. Aminobenzol ist giftig. Die Verbindung hat als Ausgangssubstanz für Farben und pharmazeutische Präparate große Bedeutung.

Man kann Anilin als ein Derivat des Benzols auffassen: Aminobenzol. Die Substanz läßt sich aber auch deuten als Ammoniak, bei dem ein Wasserstoffatom durch den Phenylrest C_6H_5- ersetzt wurde: *Phenylammoniak*. Sieht man das Molekül unter diesem Blickwinkel, so versteht man auch, warum Anilin schwach alkalische Wirkungen besitzt. Es erinnert an das Ammoniumhydroxid der anorganischen Chemie.

Aminoverbindungen entstehen aus aromatischen Nitroverbindungen durch Reduktion. Sie sind in der Formel an der Amino-Gruppe —NH_2 *zu erkennen.*

Aufgaben: 1. Warum ist der Name Nitroglycerin für Trisalpetersäureglycerinester falsch (vgl. Ester)?

2. Wieso reduziert atomarer Wasserstoff besser als molekularer?

Nahrungsstoffe

Alle Organismen erzeugen Energie. Der Lebensvorgang ist geradezu dadurch gekennzeichnet, daß er sich im »Ungleichgewicht« mit seiner Umgebung befindet. Der Tod gliedert Tier, Mensch und Pflanze wieder in die anorganische Welt ein. Wir sind heute sicher, daß keine hypothetische Lebenskraft diesen Unterschied bedingt, wissen vielmehr, daß er in dem besonderen Ablauf der Lebensvorgänge begründet ist. Reaktionen, die in der Technik und in den Laboratorien der Chemiker bei hohen Temperaturen und Drucken ablaufen, meistert eine Zelle ohne jeglichen Schaden. Wo in der Chemie grobe Katalysatoren wirken, benutzen die Organismen spezielle Wirkstoffe wie *Fermente* oder *Hormone*, um das gleiche zu erreichen. Was die Retorte des Chemikers vom »Zellgefäß« unterscheidet, ist demnach der Ablauf der Reaktionen, nicht das Reaktionsprodukt selbst. Ein Beispiel mag dies zeigen:

Es gelingt heute durchaus, Fett herzustellen. Wir benötigen dazu aber große Apparaturen, Hitze und umständliche Reinigungs- und Anreicherungsmethoden. Ein Organismus produziert Fett bei 37° C und in »kontinuierlichem Verfahren«, ohne Isolierung von Zwischenstoffen und dergleichen.

Es ist die Aufgabe der *Biochemie*, in das Getriebe der lebenden Zellen hineinzublicken. Wir können dies in unserem Rahmen kaum. Uns muß es genügen, die wichtigsten Meilensteine auf dem Weg zur Erkenntnis der Stoffwechselvorgänge aufzuzeigen. Die chemischen Substanzen, die jedes Lebewesen als Nahrungsstoffe benötigt, sind *Fette*, *Eiweißstoffe* und *Kohlenhydrate*. Unter Kohlenhydraten versteht man unter anderem Stärke und Zucker. Wir werden uns diesen Verbindungen noch genauer zuwenden. Vom Standpunkt der Chemie aus sind die Nahrungsstoffe eng mit einigen Substanzgruppen verbunden, die zwar selbst keine Nahrungsstoffe darstellen, doch mit ihnen verwandt erscheinen. Hier sind zum Beispiel die Seife und die Cellulose zu erwähnen. Wir werden sie an den geeigneten Stellen mitbehandeln.

Wir haben festgestellt: Alle Organismen erzeugen *Energie*. Woher beziehen sie letzten Endes diese Energie? Der Mensch produziert fortwährend Wärme. Er hält seinen Körper auf 37° C. Um die Wärmeproduktion in Gang zu halten, muß er Nahrungsstoffe abbauen, »verbrennen«. Die Nahrungsstoffe muß der Mensch zu sich nehmen, muß sie essen. Er schlachtet zu diesem Zweck Tiere. Die Tiere nehmen ihre Nahrung wiederum von anderen Tieren oder letztlich von den Pflanzen. Wo aber nimmt die Pflanze die Energie zur Erzeugung von Nahrungsstoffen her? Die Pflanze ist als einziges Lebewesen in der Lage, die wichtigste Energiequelle unserer Erde unmittelbar zu nutzen: die *Sonne*. Wir haben schon am Beispiel von Kohle und Erdöl klargestellt, daß auch diese Energieträger letzten Endes die Sonnenenergie vergangener Jahrmillionen für unsere Zeit gespeichert haben.

Die Sonnenenergie hält alle Lebensprozesse unserer Erde aufrecht. Die Pflanze speichert sie und gibt sie an Tier und Mensch weiter.

Wie speichert die Pflanze die Sonnenenergie? Der Vorgang wird *Photosynthese* genannt. In einem verwickelten Reaktionsablauf verarbeitet die Pflanze Kohlendioxid der Luft, Salze und Wasser aus dem Boden zu Nährstoffen, wobei Sauerstoffgas freigesetzt wird. Voraussetzung dafür ist die Anwesenheit von Blattgrün, *Chlorophyll*. Deshalb sind nur grüne Pflanzen, nicht aber Pilze oder Bakterien zur Photosynthese fähig. Wir können den Vorgang der Photosynthese in allgemeiner Form wiedergeben:

Kohlendioxid + Wasser + Salze → Nährstoffe + Sauerstoff

Der erste Schritt läuft ohne Beteiligung von Salzen ab und führt zu dem Nährstoff Traubenzucker der Formel $C_6H_{12}O_6$:

$$6\,CO_2 + 6\,H_2O \rightarrow C_6H_{12}O_6 + 6\,O_2$$

Im Anschluß daran wird der Traubenzucker teils in Stärke überführt (siehe Polysaccharide), zum Teil aber auch in andere Nährstoffe umgewandelt. Hierzu werden Salze benötigt, die beispielsweise den Stickstoff für die Moleküle des Eiweißes liefern (Eiweißstoffe, siehe *S. 74–79*). In jedem Fall finden wir die Sonnenenergie in Nährstoffen gespeichert wieder.

Die Photosynthese der grünen Pflanze speichert die Sonnenenergie in Form von organischen Verbindungen (Nährstoffen).

Die Nährstoffe als »Vorratsbehälter der Energie« baut der lebende Organismus ab und gewinnt daraus die Energie, zum Beispiel als Wärme. Dieser Abbau erfolgt oxidativ mit Hilfe von Sauerstoff und wird *Atmung* genannt. Die Atmung ist – wenn man den Vorgang rein formal betrachtet – eine Umkehrung der Photosynthese. Nährstoffe werden mittels Sauerstoff »verbrannt« zu Kohlendioxid, Wasser und Salzen. Wir können die Gleichung der Photosynthese umkehren und erhalten die Gleichung der Atmung:

Nährstoffe + Sauerstoff → Kohlendioxid + Wasser + Salze

Atmung ist nicht nur eine Angelegenheit von Tieren und Menschen. Auch Pflanzen atmen. Allerdings überwiegt meist die Photosynthese, so daß die Atmung leicht übersehen wird. Dem Überschuß an Sauerstoff, der bei der Photosynthese der grünen Pflanzen frei wird, verdanken Menschen und Tiere die Möglichkeit zum Atmen.

Beim Atmungsvorgang bauen Pflanzen, Tiere und Menschen die energiespeichernden Nährstoffe wieder zu Kohlendioxid, Wasser und Salzen ab, wobei Energie freigesetzt wird. Hierauf beruht alles Leben.

Wir behandeln im folgenden die Chemie der einzelnen Nahrungsstoffe.

Fette

Fette sind flüssige oder feste Stoffe, die stets leichter als Wasser sind und sich in Wasser nicht lösen. Flüssige Fette werden auch Öle genannt (Speiseöle). In reinem Zustand ist ein Fett farblos oder nur leicht gelblich, geruch- und geschmacklos. Man unterscheidet pflanzliche Fette (Kokosfett, Olivenöl, Rizinusöl usw.) und tierische Fette (Butter, Talg, Tran, Knochenöl usw.).

Meist sind die Fette in tierischen oder pflanzlichen Zellen eingeschlossen. Um sie zu gewinnen, muß man das Material extrahieren. Die *Extraktion* erfolgt mit Hilfe von Lösungsmitteln wie Schwefelkohlenstoff, Benzin, Benzol oder Tetrachlorkohlenstoff (Tetrachlormethan). Die Fette erhält man dann nach Verdunsten oder Verdampfen des Lösungsmittels. Mitunter führt auch einfaches *Auspressen* bei normaler oder erhöhter Temperatur zum Ziel.
An der Luft werden Fette ranzig. Das *Ranzigwerden* beruht auf einer Zersetzung durch Bakterien in Verbindung mit Sauerstoff. Hierbei bilden sich übelriechende Stoffe, zum Beispiel die Buttersäure.
Über die *Chemie der Fette* gibt eine einfache Reaktion Aufschluß: Kocht man sie längere Zeit in Anwesenheit von Laugen, so spalten sich die Fette in Glycerin und Fettsäuren. Damit ist erwiesen, daß es sich bei diesen Verbindungen um Ester handelt, denn die Ester spalten sich unter den genannten Bedingungen in Alkohol (Glycerin) und Säure.

Fette sind die Glycerinester mittlerer und höherer Fettsäuren. Die Verschiedenartigkeit der Fettsäuren bedingt die unterschiedlichen Eigenschaften der Fette.

Am häufigsten findet man die *Palmitinsäure* $C_{15}H_{31}COOH$ und die *Stearinsäure* $C_{17}H_{35}COOH$, doch sind auch kurzkettigere Verbindungen bis hinunter zur Buttersäure C_3H_7COOH vorhanden. Neben den gesättigten Säuren (Fettsäuren im engeren Sinn) gibt es auch eine größere Zahl von ungesättigten Säuren. Von diesen tritt die *Ölsäure* am häufigsten auf. Sie weist die Kohlenstoffkette der Stearinsäure auf, besitzt aber in der Mitte des Moleküls eine Doppelbindung:

$$CH_3(CH_2)_7CH = CH(CH_2)_7COOH$$

Die Bruttoformel der Ölsäure lautet demnach: $C_{17}H_{33}COOH$.

Es fällt auf, daß die Kohlenstoffatome in den im Fett enthaltenen Säuren stets geradzahlig vorkommen. Das hängt damit zusammen, daß Auf- und Abbau der Fettsäuren über Zwischenprodukte verlaufen, die zwei Kohlenstoffatome im Molekül tragen (Essigsäure). Jedes Fettsäuremolekül kann daher nur ganze Vielfache von diesem Grundbestandteil aufweisen.

Nach dem Gesagten ergibt sich das Gesamtbild eines Fettes als ein Ester ziemlich bedeutender Größe (Molekulargewicht über 800!):

$CH_2—OOC—C_{15}H_{31}$		Palmitinsäure
|		
$CH—OOC—C_{17}H_{35}$	Glycerin	Stearinsäure
|		
$CH_2—OOC—C_{17}H_{33}$		Ölsäure

Selbstverständlich kann der Alkohol Glycerin auch in anderer Weise mit Fettsäuren verbunden sein. Im Molekül kann beispielsweise die Ölsäure fehlen und durch ein weiteres Molekül Stearin- oder Palmitinsäure ersetzt sein. Jede Kombination ist möglich. Hieraus ergibt sich die Vielfalt der Fettarten. Als Faustregel kann gelten: Je länger die Kohlenstoffketten der Fettsäuren sind, desto höheren Schmelzpunkt haben die Fette; je größer der Anteil an ungesättigten Fettsäuren (Ölsäure) ist, desto niedrigeren Schmelzpunkt haben die Fette.

Beispiel: Fett mit drei Stearinsäuremolekülen als Esterkomponenten ist bei normaler Temperatur fest; Fett mit drei Ölsäurekomponenten ist dagegen bei normaler Temperatur flüssig (Öl).

Das schon erwähnte Ranzigwerden ist demnach chemisch ein Vorgang, der als Verseifung – Spaltung eines Esters in Alkohol und Säure – bezeichnet werden muß. Allerdings sind daran die Bakterien und vor allem der Luftsauerstoff beteiligt, der zu weiteren Abbauvorgängen Anlaß gibt. Die Spaltung selbst verläuft unter Wasseraufnahme:

$$\begin{array}{llllll}
CH_2\text{—}OOC\text{—}C_{15}H_{31} & & & CH_2\text{—}OH & & HOOC\text{—}C_{15}H_{31} \\
| & & & | & & \\
CH\text{—}OOC\text{—}C_{17}H_{35} & + 3\,H_2O & \rightarrow & CH\text{—}OH & + & HOOC\text{—}C_{17}H_{35} \\
| & & & | & & \\
CH_2\text{—}OOC\text{—}C_{17}H_{35} & & & CH_2\text{—}OH & & HOOC\text{—}C_{17}H_{33}
\end{array}$$

Feste und halbfeste Fette sind als Nahrungsmittel geschätzter als ölige Fette. Auch die Technik und die Chemie benötigen sie in höherem Maße. Daher war man schon im vorigen Jahrhundert bemüht, flüssige Fette in feste umzuwandeln. Das gelang erst um 1900 durch die Erfindung der sogenannten *Fetthärtung*. Chemisch ist der Vorgang einleuchtend: Da die ölige Beschaffenheit im wesentlichen auf dem Vorhandensein von Ölsäure beruht, muß man bestrebt sein, die Ölsäure in Stearinsäure zu überführen. Das gelingt durch Anlagerung von Wasserstoff, der gasförmig in das Öl eingeblasen wird. Allerdings bedarf der Vorgang eines Katalysators. Fein verteiltes metallisches Nickel bewirkt die Anlagerung, so daß die Umwandlung gelingt:

$$\underset{\text{Ölsäure}}{C_{17}H_{33}COOH} + H_2 \rightarrow \underset{\text{Stearinsäure}}{C_{17}H_{35}COOH}$$

Bevor das Fett erstarrt, filtert man das fein verteilte Nickel heraus, so daß keine Verunreinigungen darin bleiben. Das Nickel kann erneut verwendet werden. Auf diese Weise wurde es in der ersten Hälfte unseres Jahrhunderts möglich, die flüssigen Waltrane für die Margarineherstellung zu nutzen. Sie verloren bei der Fetthärtung auch ihren unangenehmen Geruch.

Margarine wird heute ausschließlich aus pflanzlichen Fetten bereitet. Als Zusätze verwendet man Magermilch, Kochsalz und Vitamine. Als Energieträger steht die Margarine der tierischen Butter nicht nach.

Wegen ihrer mannigfaltigen Eigenschaften finden die Fette aber nicht nur als Nahrungsmittel, sondern auch zu gewerblichen Zwecken Verwendung. Leinöl dient beispielsweise zur Bereitung von Ölfarben, da es leicht trocknet (Oxidation an der Luft). Wollfett (Lanolin) wird als Salbengrundlage geschätzt.

Aufgaben:

1. Man unterscheidet Mineralöle (zum Beispiel Schmieröl der Erdölraffination) von Speiseölen. Worin liegt der chemische Unterschied?
2. Fetthärtung ist eine Hydrierung. Was versteht man darunter?

Seife

Sehen wir von der Nutzung der Fette als Nahrungsmittel ab, so ist der wichtigste Verwendungszweck ihre Verarbeitung zu Seife. Das Verfahren der Seifenherstellung ist sehr einfach. Man kocht Fette längere Zeit mit Laugen, leitet also die Spaltung der Ester ein. Der Vorgang wird ganz allgemein *Verseifung* genannt, obwohl er natürlich für die Spaltung aller Ester gilt. Im Fall der Fette tritt Glycerin auf, und die entstehenden Fettsäuren vereinigen sich mit der vorhandenen Lauge zu Salzen, den Palmitaten, Stearaten und Oleaten:

$$\begin{array}{llllll}
CH_2\text{—}OOC\text{—}C_{15}H_{31} & & CH_2\text{—}OH & & NaOOC\text{—}C_{15}H_{31} & \text{Natrium-} \\
| & & | & & & \text{palmitat} \\
CH\text{—}OOC\text{—}C_{17}H_{35} & + 3\,NaOH \rightarrow & CH\text{—}OH & + & NaOOC\text{—}C_{17}H_{35} & \text{Natrium-} \\
| & & | & & & \text{stearat} \\
CH_2\text{—}OOC\text{—}C_{17}H_{33} & & CH_2\text{—}OH & & NaOOC\text{—}C_{17}H_{33} & \text{Natrium-} \\
 & & & & & \text{oleat}
\end{array}$$

Als Seife bezeichnet man die Alkalisalze mittlerer und höherer Fettsäuren. Man gewinnt sie durch Verseifung der Fette.

In der Praxis kocht man die Fette einige Stunden mit Lauge oder Natriumcarbonat (Soda) und erzwingt dann durch Zugabe von Kochsalz (Aussalzen) die Abscheidung der Seife an der Oberfläche, während die »Unterlauge« mit dem Glycerin zurückbleibt. Da das Glycerin schwer von den alkalischen Beimengungen zu trennen und dadurch nur nach kostspieligen Reinigungsverfahren zu gewinnen ist, bevorzugt man heute eine Spaltung der Fette durch überhitzten Wasserdampf, wobei zunächst freie Fettsäuren entstehen (Gleichung für das Ranzigwerden der Fette, siehe *S. 67*). Die freien Fettsäuren lassen sich leicht vom Glycerin trennen und werden erst anschließend mit Natriumcarbonat zu Seife umgesetzt. Auf diese Weise kann Glycerin zur Verbilligung der Seifenherstellung beitragen.

Bei den Fetten bedingten die verschiedenen Fettsäuren den Charakter des jeweiligen Fettes. In der gleichen Art kann man auch unterschiedliche Seifen erwarten. Die Grundregeln sind leicht zu übertragen: Je länger die Kohlenstoffketten der Fettsäuren sind, desto fester wird die Seife (zum Beispiel Kernseife: Stearinsäure, Palmitinsäure); je größer der Anteil an ungesättigten Fettsäuren ist, desto öliger wird die Seife (zum Beispiel Schmierseife: Ölsäure). Aber auch die Art des Alkalimetalls ist von Bedeutung. Die Natriumsalze sind allgemein höher schmelzend als die Kaliumsalze. Zusammenfassend läßt sich sagen: Besonders feste Konsistenz weisen Seifen aus Natriumstearat auf; Schmierseifen bestehen dagegen aus Kaliumoleat.

Waschwirkung

Seife ergibt mit Wasser keine echte Lösung. Die Seifenmoleküle bleiben in Gruppen beieinander und bedingen den Charakter einer *Scheinlösung* (kolloidale Lösung). Man erkennt kolloidale Lösungen daran, daß ein Lichtbündel, das durch die Flüssigkeit hindurchfällt, trüb erscheint. Die Strahlen

werden von den großen Molekülpartikeln abgelenkt, gestreut. Echte Lösungen (Kochsalzlösungen) zeigen diese Trübung nicht.
Eine weitere Eigenschaft der Seifenlösung ist ihre schwach alkalische Reaktion. Sie beruht auf der *Hydrolyse*, die am Beispiel des Natriumcarbonats in der anorganischen Chemie erläutert wurde. Hier sei nur in Erinnerung gebracht, daß alkalische Hydrolyse immer dann auftritt, wenn eine schwache Säure mit einer starken Lauge zu einem Salz zusammentritt. Das ist bei den Alkalisalzen höherer und mittlerer Fettsäuren der Fall.
Die *Waschwirkung* der Seife hat mehrere Ursachen, die erst durch ihr Zusammenwirken den idealen Reinigungseffekt bedingen. Früher hat man der schwach alkalischen Reaktion der Seifenlösung die wichtigste Wirkung zugeschrieben. Das hat sich als nicht gerechtfertigt erwiesen, denn eine künstlich hergestellte alkalische Flüssigkeit säubert nicht. Es müssen also andere Vorgänge hinzukommen.
Beim Auflösen von Seife wird die Oberflächenspannung des Wassers herabgesetzt. Unter Oberflächenspannung versteht man die Neigung der Wasserteilchen, sich aneinanderzuheften. Dies verdankt das Wasser dem Dipoleffekt seines Moleküls (vgl. anorganische Chemie). Durch die Dipolwirkung der Wassermoleküle wird ein Zusammenhalt gewährleistet, der sich zum Beispiel in der Tropfenbildung des Wassers dokumentiert. Reines Wasser vermag wegen dieser Bindung der Wassermoleküle aneinander nur schlecht in Spalten und Fugen einzudringen, benetzt auch Gewebe nur schwer. Wasser perlt von Samt ab, ohne einzudringen. Fett stößt Wasser ab. Setzt man jedoch Seife zu, so dringt die Flüssigkeit in Samt ein und benetzt auch Fett: »Wasser wird nasser« – wie ein Werbespruch sagt.
Dies allein würde aber die reinigende Wirkung der Seife noch immer nicht erschöpfend erklären. Um tieferen Einblick zu erhalten, müssen wir uns die Moleküle der Seife näher betrachten. Sie ähneln in ihrem Aufbau langen Stäbchen, die am Ende eine negative Ladung tragen; die positive Ladung kommt dem Metall-Ion in der Lösung zu, denn als Salz spaltet sich die Seife in Ionen auf, dissoziiert:

$$C_{17}H_{35}COONa \rightarrow C_{17}H_{35}COO^- + Na^+$$

Die Stäbchen der Fettsäuremoleküle haben demnach *ein* Ende, das im wesentlichen aus Kohlenwasserstoffgruppen besteht *(Abb. 17)*, und *ein* Ende, das durch den Besitz der negativen Ladung gekennzeichnet ist. Kohlenwasserstoffverbindungen lösen sich bevorzugt in Kohlenwasserstoffverbindungen. Das zeigt zum Beispiel die gute Mischbarkeit von Benzol und Benzin, von Benzin und Fett. Wir nennen solche Verbindungen *lipophil*, fettfreundlich. Verbindungen mit Ionen-Ladungen zeigen dagegen Verwandtschaft mit dem Wasser und lösen sich bevorzugt darin. Dies zeigen zum Beispiel die Salze. Wir nennen solche Verbindungen *hydrophil*, wasserfreundlich.
Ein Fettsäuremolekül vereinigt beide Eigenschaften in sich: Das eine (ladungsfreie, kohlenwasserstoffhaltige) Ende ist lipophil, das andere (negativ geladene) Ende ist hydrophil. Wegen dieses »Zwittercharakters« sind die

Seifen hervorragend dazu geeignet, zwischen fettigem Schmutz und Wasser zu vermitteln. Während gewöhnliches Wasser sich dem fetthaltigen Schmutz nicht nähern kann (hohe Oberflächenspannung), ist dies der Seifenlösung möglich, denn die lipophilen Enden der Seifenmoleküle dringen in das Fett des Schmutzpartikels ein. Die hydrophilen Enden ragen aber aus dem Fett heraus und ins Wasser hinein *(Abb. 17)*. Auf diese Weise erhält jedes Schmutzpartikel einen Mantel aus negativ geladenen Fettsäure-Ionen. Die negativen Ladungen stoßen andere Schmutzteilchen, die ebenfalls negativ sind, ab. Reibt man beim Waschvorgang noch zusätzlich das Textilgewebe, so lädt sich auch dieses negativ auf, wodurch die Abstoßung von der Unterlage noch weiter gefördert wird. Das Reiben lockert darüber hinaus auch den Schmutz und hebt ihn mechanisch von den Textilien ab.

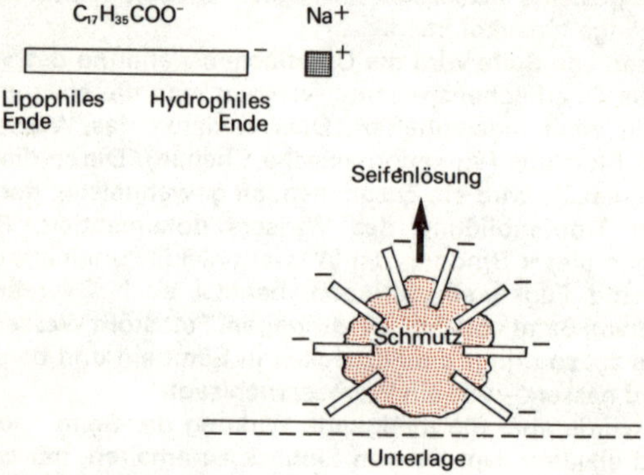

Abb. 17. Die Waschwirkung der Seife

> ***Die Waschwirkung von Seife beruht im wesentlichen auf einer Verringerung der Oberflächenspannung des Wassers sowie auf einer durch Ionenladung bedingten Abstoßung zwischen Schmutz und Unterlage.***

Darüber hinaus entfaltet Seifenlösung auch noch desinfizierende Eigenschaften, da sie Bakterien abtötet. Allerdings ist dieser Effekt nur schwach ausgebildet. Das Schäumen der Seife spielt eine gewisse Rolle beim Abtransport des Schmutzes (Entfernung von der Unterlage), sollte aber nicht überschätzt werden. Es gibt zum Beispiel Reinigungsmittel, die nicht schäumen, aber dennoch sehr wirksam sind. Umgekehrt ist gute Schaumbildung noch kein Beweis für ausreichende Waschkraft.

Ein Nachteil der Seife ist ihre Anfälligkeit gegen *hartes Wasser*. Hartes Wasser enthält Calcium-Ionen Ca^{++} und Magnesium-Ionen Mg^{++} (vgl. anorganische Chemie). Diese bilden mit den Fettsäure-Ionen sofort unlösliche Verbindungen, nämlich Calcium- und Magnesiumsalze:

$$2\,C_{17}H_{35}COO^- + Ca^{++} \rightarrow (C_{17}H_{35}COO)_2Ca$$

Diese Verbindungen fallen als »Kalkseifen« aus der Lösung aus, beteiligen sich nicht am Waschvorgang und setzen sich zudem als graue Beläge auf den Textilien ab (»Grauschleier«). Durch hartes Wasser werden jährlich ungeheure Mengen von Seife nutzlos ausgefällt. Der volkswirtschaftliche Schaden geht in die Millionen. Um die Bildung von Niederschlägen zu verhindern, kann man entweder das Wasser enthärten (vgl. anorganische Chemie) oder Waschmittel benutzen, die gegen die Calcium- und Magnesium-Ionen nicht anfällig sind. Den letzteren Weg beschreiten die modernen Detergentien oder *synthetischen Waschmittel.* Sie beruhen nicht auf der Basis von Fetten oder Fettsäuren, sondern leiten sich von Kohlenwasserstoffen ab, die am Ende keine Carboxylgruppe, sondern andere negativ geladene Gruppen tragen, zum Beispiel die Sulfatgruppe oder die Sulfonatgruppe. Nur zum Vergleich geben wir die Formel eines derartigen Waschmittels wieder:

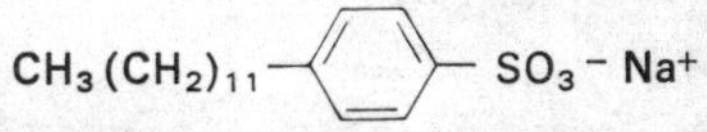

Wie bei einem Fettsäure-Ion finden wir eine lange, lipophile Kette von Kohlenstoffatomen; auch ist ein negativ geladenes, hydrophiles Ende vorhanden, doch tritt an die Stelle der Carboxylgruppe der sogenannte Sulfonatrest $—SO_3^-$, der mit Calcium- und Magnesium-Ionen keine unlöslichen Verbindungen eingeht. Damit kann man mit den Detergentien modernen Typs auch in härtestem Wasser waschen, ohne Verluste oder graue Niederschläge befürchten zu müssen.

Die charakteristisch geformten Faulbehälter bestimmen das Bild des Hauptklärwerks Köhlbrandhöft bei Hamburg. Die Anlage reinigt die Abwässer eines Gebietes, auf dem 1,1 Millionen Menschen wohnen

In geklärtem Abwasser können Fische leben: Kläranlage Dormagen (oben). — Verbandskläranlage Starnberg (unten)

Moderne Kläranlagen reinigen Abwässer: Blick in die Belebungsbecken, wo dem verbrauchten Wasser nach der Reinigung Sauerstoff zugeführt wird

Bei der Entwicklung dieser Waschmittel mußte darauf geachtet werden, daß sie biologisch abbaufähig blieben. Normale Seife fällt in der Natur nämlich sehr schnell Bakterien zum Opfer, die die Kohlenstoffketten für ihren Stoffwechsel nutzen. Nicht alle synthetisch geschaffenen Kohlenwasserstoffketten sind in gleicher Weise angreifbar. Es hat sich gezeigt, daß vor allem verzweigte Ketten in Abwässern und damit in unseren Flüssen recht lange unverändert erhalten blieben. Sie störten durch die Bildung umfangreicher Schaummassen an Stauwehren und Überläufen. Heute verwendet man fast ausschließlich unverzweigte Ketten in den Detergentien. Diese Moleküle sind für Bakterien leicht abzubauen und verschwinden daher schnell aus der Umwelt. Die Entwicklung derartiger Detergentien war ein großer Fortschritt, zeigte der Chemiker damit doch, daß er an der Reinhaltung unserer Landschaft wesentlichen Anteil hat.

Die synthetischen Waschmittel weisen noch einen weiteren Vorteil auf. Seife wirkt schwach alkalisch. Wolle filzt aber in alkalischem Wasser sehr leicht. Auch leiden die Farben von Textilien darunter. Die Sulfat- und Sulfonatreste der Detergentien bedingen keine alkalische Reaktion. Sie waschen neutral. Damit fallen auch das Verfilzen und das Verfärben weg. Viele moderne Textilien ließen sich ohne dieses schonende Waschverfahren gar nicht reinigen.

Synthetische Waschmittel oder Detergentien sind gegen hartes Wasser unempfindlich. Sie reagieren neutral und schonen das Gewebe.

Aufgaben:

1. Warum zeigen Detergentien mit dem Sulfatrest am Kohlenwasserstoff keine alkalische Reaktion? Denke an die Hydrolyse der anorganischen Chemie!
2. Welche Formel hat Magnesiumstearat?
3. Niederschläge von »Kalkseifen« auf Textilien bilden harte Kristalle aus. Welche Folge hat das für die Fasern?
4. Aus welchen Rohstoffen werden wohl die Kohlenwasserstoffe der Detergentien letztlich gewonnen?

Eiweißstoffe

Bei dem Wort Eiweiß denkt man zunächst an das Hühnereiweiß, jene durchscheinende, gelatinöse Masse, die den Dotter umgibt. Chemisch ist der Begriff der *Eiweißstoffe* aber viel weiter gefaßt. Wir begegnen diesen Substanzen ganz allgemein in den Zellen jedes Lebewesens. Das Leben ist geradezu an die Existenz von Eiweiß gebunden. Auch viele Stoffe, die wir als Produkte lebender Zellen kennen, sind hierher zu rechnen: Fingernägel, Haare, Bindesubstanz der Knochen, Wolle, Seide, ja sogar Spinnweben. Es fällt somit schwer, gemeinsame Eigenschaften von Eiweißstoffen aufzuzählen. Einfacher ist es, sie chemisch zu definieren.

Die Eiweißstoffe, chemisch meist *Proteine* genannt, enthalten stets die vier Grundbestandteile *Kohlenstoff, Wasserstoff, Sauerstoff* und *Stickstoff*. Das unbedingte Vorhandensein von Stickstoff hat schon früh das Interesse der Chemiker an den Proteinen geweckt, denn bei keinem anderen Nahrungsmittel ist Stickstoff wesentlicher Bestandteil. Will die Pflanze Eiweiß in ihren Zellen herstellen, so bedarf sie dazu nicht nur des Wassers und des Kohlendioxids, die bei der eigentlichen Photosynthese eine so große Rolle spielen, sondern sie muß auch mit Stickstoffsalzen (Nitraten oder Ammoniumverbindungen, vgl. Düngemittel der anorganischen Chemie) versorgt werden. Nur ihnen kann sie den für die Eiweißsynthese benötigten Stickstoff entziehen. In vielen Proteinen findet man außerdem noch Schwefel und Phosphor.

Die ersten Ergebnisse in der Eiweißforschung verdanken wir dem deutschen Chemiker *Emil Fischer (1852–1919)*. Ihm gelang es zu Beginn unseres Jahrhunderts, die Eiweißstoffe durch schonende Zerlegung mit Hilfe von Säuren in kleinere Bausteine zu spalten. Er vermochte auch diese kleinen Bausteine zu identifizieren und in ihrer Menge zu bestimmen: Beim Abbau von Eiweißstoffen findet man stets die sogenannten *Aminosäuren*, organische Verbindungen mit ganz bestimmtem Bau.

Die einfachste Aminosäure ist die Amino-essigsäure, meist Glycin oder *Glykokoll* genannt. Sie hat die Formel:

$$H_2N-CH_2-COOH$$

Die Amino-Gruppe $-NH_2$, die uns schon beim Anilin begegnet ist, hängt hier am Molekül der Essigsäure CH_3-COOH. Nach dem gleichen Grundbauplan ist die Amino-propionsäure oder das Alanin zusammengesetzt:

$$\begin{array}{l} H_2N-CH-COOH \\ \qquad\quad | \\ \qquad\;\; CH_3 \end{array}$$

Wenn wir *Tabelle 6* betrachten, so finden wir die etwa 20 verschiedenen Aminosäuren aufgeführt, die in den Eiweißstoffen regelmäßig vorkommen.

Tabelle 6: Im Eiweiß vorkommende Aminosäuren

Aminosäure	Formel
Glykokoll (Glycin)	CH_2-COOH | NH_2
Alanin	$CH_3-CH-COOH$ | NH_2
Valin	CH_3 ╲ ╱ $CH-CH-COOH$ CH_3 ╱ | NH_2
Leucin	CH_3 ╲ ╱ $CH-CH_2-CH-COOH$ CH_3 ╱ | NH_2
Isoleucin	CH_3-CH_2 ╲ ╱ $CH-CH-COOH$ CH_3 ╱ | NH_2
Serin	$HO-CH_2-CH-COOH$ | NH_2
Cystein	$HS-CH_2-CH-COOH$ | NH_2
Cystin	$S-CH_2-CH-COOH$ | | | NH_2 | $S-CH_2-CH-COOH$ | NH_2

Aminosäure	Formel
Methionin	$CH_3S—CH_2—CH_2—CH—COOH$ NH_2
Threonin	$CH_3—CH—CH—COOH$ OH NH_2
Ornithin	$CH_2—CH_2—CH_2—CH—COOH$ NH_2 NH_2
Arginin	$CH_2—CH_2—CH_2—CH—COOH$ NH NH_2 $C{=}NH$ NH_2
Lysin	$CH_2—CH_2—CH_2—CH_2—CH—COOH$ NH_2 NH_2
Asparaginsäure	$NH_2—CH—COOH$ $CH_2—COOH$
Glutaminsäure	$NH_2—CH—COOH$ CH_2 $CH_2—COOH$
Phenylalanin	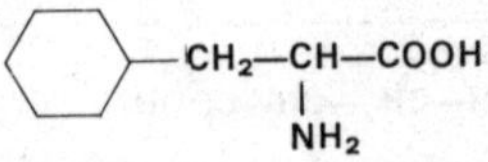
Tyrosin	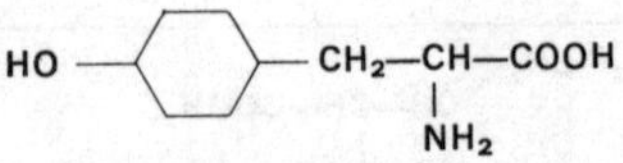
Tryptophan	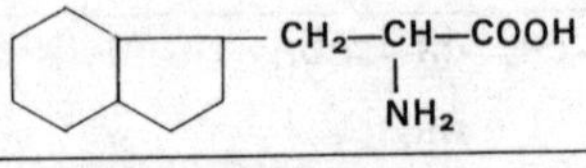
Prolin	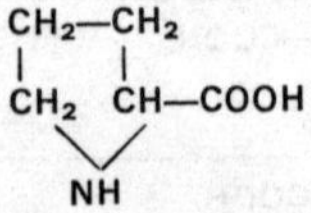
Oxyprolin	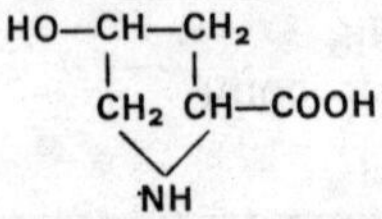

Aminosäure	Formel
Histidin	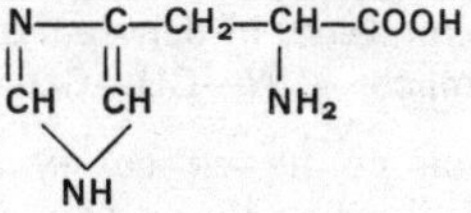

So verschieden sie auch auf den ersten Blick scheinen, sie haben doch alle *einen* Molekülteil gemeinsam:

$$NH_2-\underset{|}{CH}-COOH$$

Es ist nicht notwendig, ihre Formeln im Gedächtnis zu behalten. Uns kommt es nur auf die Gemeinsamkeit aller genannten Aminosäuren an. Diese Gemeinsamkeit besteht in der Anordnung der Amino- und der Carboxyl-Gruppe: Immer ist die Amino-Gruppe an das der Carboxyl-Gruppe benachbarte Kohlenstoffatom gebunden. Da dies – von der Carboxyl-Gruppe gerechnet – das erste Kohlenstoffatom ist und der Buchstabe α die erste Stelle im griechischen Alphabet einnimmt, nennt man alle Aminosäuren der *Tabelle 6* α-Aminosäuren.
Wir können somit den Aminosäuren, die das Eiweiß zusammensetzen, die allgemeine Formel

$$H_2N-\underset{\substack{|\\R}}{CH}-COOH$$

geben, wenn wir mit R beliebige Kohlenwasserstoffreste samt ihren anhängenden Molekülbestandteilen bezeichnen.

Eiweißstoffe setzen sich aus Aminosäuren zusammen. Ihre Zahl ist begrenzt. Normalerweise kommen etwa 20 verschiedene Arten vor.

Die Vielfalt der möglichen Eiweißstoffe steigt allerdings, wenn man bedenkt, daß in den Riesenmolekülen (Makromolekülen) des Eiweißes Tausende von Aminosäuren aneinandergekettet sind. Die 20 Arten wechseln dabei miteinander ab – wie die Reihenfolge bei speziellen Eiweißverbindungen war, konnte man zur Zeit Emil Fischers freilich noch nicht ergründen. Benennen wir die 20 Aminosäuren willkürlich mit A_1, A_2, A_3 usw., so ist es zum Beispiel möglich, sie in der angegebenen Reihenfolge zu verknüpfen: $A_1—A_2—A_3—$ usw. Sie können aber auch eine Kette $A_1—A_3—A_2—$ usw. bilden. Ebenso wahrscheinlich ist auch eine Wiederholung verschiedener gleicher Aminosäuren, etwa nach dem Schema $A_1—A_2—A_2—A_3—$ usw. Lange Zeit gelang es lediglich, aus einem Eiweiß die prozentuale Zusammensetzung der darin enthaltenen Aminosäuren »herauszulesen«, nicht aber ihre Reihenfolge, ihre *Sequenz*, zu bestimmen.
Immerhin war es Emil Fischer möglich, die Art der Verknüpfung zu erkennen, in der die Aminosäuren aneinandergebunden waren: Die Amino-Gruppe des einen Moleküls tritt dabei mit der Carboxyl-Gruppe des anderen Moleküls in Reaktion. Dabei wird Wasser abgespalten:

$$H_2N-\underset{\substack{|\\R_1}}{CH}-COOH + H_2N-\underset{\substack{|\\R_2}}{CH}-COOH \rightarrow H_2N-\underset{\substack{|\\R_1}}{CH}-CO-HN-\underset{\substack{|\\R_2}}{CH}-COOH + H_2O$$

Eine solche Bindung hat man *Peptidbindung* genannt. Durch Wiederholung des Vorgangs kann man beliebig viele Aminosäuren miteinander gekoppelt denken. Wir erhalten dann eine Kette, in der stets die gleichen Bestandteile miteinander abwechseln, nämlich —HN—CH—CO—:

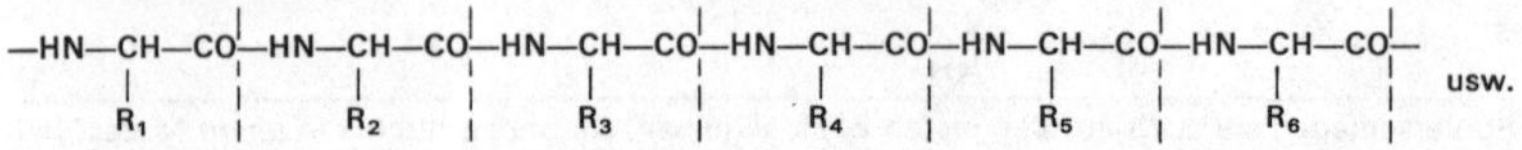

Die 20 Aminosäuren setzen zu Tausenden das Makromolekül des jeweiligen Eiweißstoffes zusammen, wobei ihre Sequenz den Charakter der betreffenden Eiweißsorte bestimmt. Die Verknüpfung erfolgt in Peptidbindungen.

Emil Fischer gelang es, bis zu 18 Aminosäuren zu einem schon ziemlich großen Molekül zusammenzufügen. Die entstehende Verbindung zeigte in ihren Eigenschaften bereits gewisse Ähnlichkeit mit den »echten« Eiweißstoffen. Allerdings gab es damals kaum Hoffnung, auf diesem Weg das Rätsel der Eiweißsynthese zu lösen.

Nach dem Zweiten Weltkrieg sind auf dem Gebiet der Eiweißforschung gewaltige Fortschritte erzielt worden. Man kennt heute von einer ganzen Reihe wichtiger Eiweißstoffe die Zahl der Aminosäuren, die sie zusammensetzen, und weiß auch, wie ihre Sequenz ist. So hat man Einblick in die Moleküle des Hormons Insulin genommen, kennt einige Viren-Eiweiße und vermag sie sogar zu synthetisieren.

Eiweißstoffe, die bei ihrer Zerlegung ausschließlich Aminosäuren liefern, nennt man *einfache Eiweißstoffe* oder *Proteine*. Mitunter findet man aber bei der Zerlegung auch noch Molekülbestandteile, die nicht zum eigentlichen Protein gehören, dennoch aber vorhanden sind und die Eigenschaft der betreffenden Substanz wesentlich bestimmen. Einige Beispiele mögen dies erläutern:

Der rote Blutfarbstoff ist ein Eiweiß; außer den Aminosäuren enthält er aber auch noch eine Farbstoffkomponente, die für den Transport des Sauerstoffs im Blut von größter Bedeutung ist. Der Blutfarbstoff *Hämoglobin* muß demnach als *zusammengesetzter Eiweißstoff* oder *Proteid* gelten.

In gleicher Weise enthält das *Casein* der Milch neben Aminosäuren auch noch *Phosphorsäure*, es ist also ein *Proteid*.

Berühmt wurden in den letzten Jahren die *Nucleoproteide*, Verbindungen, die aus Aminosäuren und phosphorsäurehaltigen Molekülteilen zusammengesetzt sind und die in den Zellkernen wichtige Aufgaben zu erfüllen haben.

Im täglichen Leben begegnen uns Eiweißstoffe auf Schritt und Tritt. Leder ist gegerbtes Eiweiß der Haut von Tieren. Leim bildet sich aus dem Eiweiß von Knochen und tierischen Abfällen (Knochen-, Haut- oder Fischleim). Gelatine stellt man aus Knochen und Knorpel her. Die schon öfter erwähnten Enzyme (Fermente) sind grundsätzlich Eiweißstoffe; sie spielen im Körper jedes Lebewesens eine große Rolle, da sie die chemischen Reaktionen untereinander abstimmen und ohne Druck- und Temperaturerhöhung ablaufen lassen.

Eiweißstoffe sind nicht nur als Nährstoffe von Bedeutung. Sie sind auch die Träger der Lebenserscheinungen in der Zelle. Über die Proteine regelt der Organismus seine Stoffwechselvorgänge.

Aufgaben: 1. Welche Aminosäuren sind schwefelhaltig *(Tabelle 6)*?
2. Hühnereiweiß bildet eine Scheinlösung (kolloidale Lösung). Wie kann man dies beweisen?

Kohlenhydrate

Der Ausdruck »Kohlenhydrate« ist eine Sammelbezeichnung für organische Verbindungen, die den Chemikern schon frühzeitig wegen ihres ähnlichen Baues auffielen. Zum Beispiel weist der Traubenzucker die Formel $C_6H_{12}O_6$, der Rohr- oder Rübenzucker die Formel $C_{12}H_{22}O_{11}$ auf. Bei aller Verschiedenheit in der Größe der Moleküle läßt sich doch eine Übereinstimmung feststellen: Neben einer gewissen Menge Kohlenstoff treten Wasserstoff und Sauerstoff im Verhältnis 2 : 1 auf. Dieses Verhältnis 2 : 1 findet man auch im Wasser. Zu einer Zeit, da man über die chemischen Eigenschaften und über den Bau der genannten Stoffe noch wenig wußte, prägte man den Ausdruck *Kohlenhydrate* für Verbindungen, die neben Kohlenstoff die Elemente Wasserstoff und Sauerstoff im gleichen Verhältnis wie im Wasser (griechisch hydor) enthielten.
Die moderne Chemie hält sich an diese Regel nur noch in beschränktem Umfang. Ihr gilt vor allem der Molekülaufbau als wesentlich, auch wenn zum Teil andere Elemente in den Verbindungen auftauchen oder das Verhältnis Wasserstoff zu Sauerstoff nicht mehr exakt 2 : 1 beträgt. Als typisch für die Kohlenhydrate gilt, daß ihr molekularer Aufbau zuckerähnlich ist.
Eines der wichtigsten Kohlenhydrate haben wir bereits bei der alkoholischen Gärung und bei der Photosynthese kennengelernt: Traubenzucker $C_6H_{12}O_6$. Wir können die Verbindung als charakteristisch für die einfachste Gruppe von Kohlenhydraten ansehen, für die *Monosaccharide*. Von dieser Gruppe wollen wir ausgehen. Die *Disaccharide* und die *Polysaccharide* lassen sich davon ableiten.

Kohlenhydrate sind organische Verbindungen, die in ihrem Grundaufbau zuckerähnlich sind. Man unterscheidet Mono-, Di- und Polysaccharide.

Monosaccharide

Die Monosaccharide kann man deutsch als »Einfachzucker« bezeichnen, denn ihre Moleküle lassen sich nicht mehr in kleinere Kohlenhydratmoleküle spalten. Dies ist bei den zwei anderen Gruppen grundsätzlich möglich. Alle Monosaccharide schmecken mehr oder weniger süß, lösen sich in Wasser und kristallisieren verhältnismäßig gut. In der Praxis sind zwei Verbindungen wichtig, der Traubenzucker und der Fruchtzucker.

Traubenzucker (auch *Glucose* oder *Dextrose* genannt) kommt in süßen Früchten und im Honig vor. Er schmeckt weniger süß als der Rohr- oder Rübenzucker, den wir zum Süßen der Speisen verwenden. Da Traubenzucker aber sehr rasch vom Körper ins Blut aufgenommen und an die Orte des Verbrauchs (Muskeln) transportiert wird, ist Glucose als Stärkungsmittel geschätzt. Chemisch stellt Traubenzucker einen fünfwertigen Alkohol mit einer Aldehydgruppe dar. Die Formel $C_6H_{12}O_6$ ist wiederzugeben:

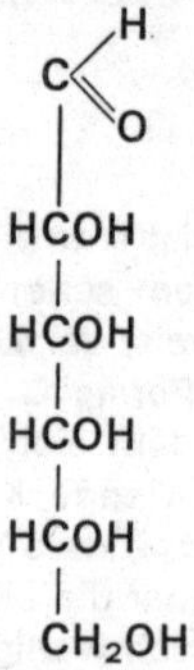

Aldehyde wirken reduzierend. So reduziert auch der Traubenzucker Fehlingsche Lösung und fällt rotbraunes Kupferoxid Cu_2O aus (Aldehyde, siehe *S. 34f.*). Durch diese Reaktion kann man den Traubenzucker im Urin von Zuckerkranken nachweisen. Bei der Zuckerkrankheit (Diabetes) scheiden die Patienten nämlich Traubenzucker durch die Nieren aus, was bei Gesunden nicht der Fall ist.

Fruchtzucker (auch *Fructose* oder *Lävulose* genannt) kommt häufig zusammen mit dem Traubenzucker vor. Seine wirtschaftliche Bedeutung ist geringer als die des Traubenzuckers, was sich zum Teil darauf zurückführen läßt, daß er schwerer kristallisiert. Fruchtzucker ist allerdings sehr süß. Die Formel der Fructose ist die gleiche wie die der Glucose, nämlich $C_6H_{12}O_6$. Beide Verbindungen sind also isomer. Der Unterschied in ihren Eigenschaften muß demnach in der Struktur der Moleküle liegen. Während Traubenzucker ein Aldehyd ist, trägt der Fruchtzucker eine Keto-Gruppe im Molekül; fünf Alkoholgruppen sind ebenfalls vorhanden:

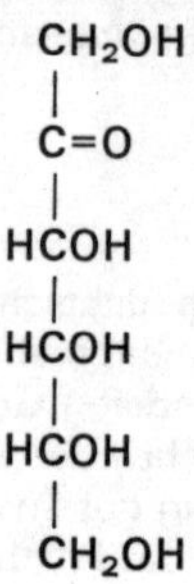

Als Keton sollte Fruchtzucker Fehlingsche Lösung nicht reduzieren. Dennoch verläuft eine Probe positiv. Das liegt daran, daß sich in dem alkalischen Medium eine teilweise Umlagerung unter Bildung einer Aldehydgruppe abspielt, was dann die Ausfällung von rotbraunem Kupferoxid zur Folge hat.

Disaccharide

Sind die Monosaccharide »Einfachzucker«, so muß man die Disaccharide als »Zweifachzucker« bezeichnen. Tatsächlich lassen sie sich als Moleküle auffassen, die zwei Monosaccharide enthalten; die Bindung erfolgt über ein Sauerstoffatom. Wir wählen als Beispiel das bekannteste Disaccharid, den *Rohr-* oder *Rübenzucker* (die Herstellung aus Zuckerrohr oder Zuckerrüben ist belanglos; es handelt sich chemisch um die gleiche Verbindung).
Rübenzucker, auch *Saccharose* genannt, hat die Bruttoformel $C_{12}H_{22}O_{11}$. Er reduziert Fehlingsche Lösung nicht. Folglich kann weder die Aldehyd- noch die Keto-Gruppe wirksam sein. Rein formal kommt man zur Formel $C_{12}H_{22}O_{11}$, wenn man zwei Monosaccharide unter Wasseraustritt zusammenfügt: In zwei Monosacchariden wären 24 Wasserstoff- und 12 Sauerstoffatome vorhanden. Um die Strukturformel wiedergeben zu können, muß man wissen, daß schon die Monosaccharide teilweise nicht nur in Kettenform auftreten, wie wir dies oben angegeben haben, sondern auch in einer Ringform. Diese ist energetisch begünstigt und bildet sich in wässeriger Lösung. Bei Rübenzucker ist die Ringform der beiden Komponenten Traubenzucker und Fruchtzucker fixiert. Die Strukturformel lautet daher:

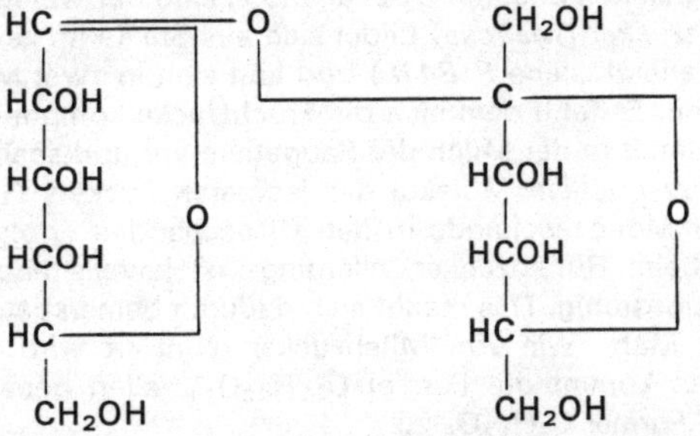

Wie man sieht, finden sich darin nur Alkoholgruppen, keine Aldehyd- oder Keto-Gruppen.
Rübenzucker bildet farblose Kristalle (Kandiszucker), die aber auch durch Verunreinigungen bräunlich sein können. Als Würfelzucker und Puderzucker kommen gereinigte Präparate in den Handel. Rübenzucker löst sich leicht in Wasser. Erhitzt man die Kristallmasse, so schmilzt sie zunächst, gibt dann bei Temperaturen über 200° C Wasser ab und wird zum braunen *Karamel*, der nicht mehr süß schmeckt und zum Färben von Nahrungs- und Genußmitteln Verwendung findet. Konzentrierte Zuckerlösungen hindern Bakterien an der Vermehrung und können auf diese Weise als Konservierungsmittel dienen.

Erhitzt man Rübenzuckerlösung längere Zeit mit Säuren, so spaltet sich das Disaccharid in die beiden Monosaccharide Traubenzucker und Fruchtzucker, wobei Wasser aufgenommen wird. Das Molekül H_2O tritt hierbei an den Sauerstoff heran, der die beiden Monosaccharide verbindet:

$$\underset{\text{Rübenzucker}}{C_{12}H_{22}O_{11}} + H_2O \rightarrow \underset{\text{Traubenzucker}}{C_6H_{12}O_6} + \underset{\text{Fruchtzucker}}{C_6H_{12}O_6}$$

Die Mischung reduziert Fehlingsche Lösung. Man nennt sie *Invertzucker*. Kunsthonig besteht zum größten Teil aus einem wasserhaltigen Gemenge von Trauben- und Fruchtzucker, hergestellt aus Rübenzucker.

Die *Gewinnung* von Saccharose aus Zuckerrohr ist einfacher als die aus Rüben. Zuckerrohr wird ausgepreßt, Rüben laugt man nach intensiver Reinigung und Zerkleinerung mit heißem Wasser aus. Nach der Abtrennung des Zuckers hinterbleibt eine ebenfalls noch süß schmeckende Melasse, die in tropischen Ländern auf Rum verarbeitet wird. Bei der Verarbeitung von Rüben fällt ferner noch ein kalk- und phosphatreicher Dünger an. Die ausgelaugten Schnitzel dienen als Viehfutter.

In außertropischen Gebieten kannte man früher nur den Honig als Mittel zum Süßen der Speisen. Erst nach den Kreuzzügen wurde der Zucker aus Zuckerrohr in Europa verwendet. Im 18. Jahrhundert entdeckte man in den Runkelrüben Zucker, doch bedurfte es noch langwieriger Züchtungen, bis die Rüben einen Gehalt von 16% bis 20% aufwiesen. Auch mußte sich die chemische Technik erst mit dem Vorgang der Gewinnung aus Rüben vertraut machen. So dauerte es noch viele Jahrzehnte, bis der Rübenzucker konkurrenzfähig wurde. Heute liegt infolge der billigeren Produktion der Rohrzucker im Welthandel an der Spitze. Prinzipiell ist jedoch Unabhängigkeit von den tropischen Märkten möglich.

Von den zahlreichen anderen Disacchariden sind nur wenige praktisch wichtig. Der *Malzzucker (Maltose)* bildet sich aus Stärke im keimenden Gerstenkorn (Bierbrauerei, siehe *S. 84 ff.*) und läßt sich in zwei Moleküle Traubenzucker spalten. Es fehlt demnach die Fruchtzuckerkomponente. *Milchzucker (Lactose)* kommt in der Milch der Säugetiere vor und spaltet in ein Molekül Traubenzucker und ein Molekül des isomeren Zuckers Galactose auf. Die Bindung der Monosaccharide in den Disacchariden erfolgt in der gleichen Weise wie beim Rübenzucker, allerdings ist jeweils noch eine Aldehydgruppe reaktionsfähig. Das macht sich dadurch bemerkbar, daß Fehlingsche Lösung von Malz- wie von Milchzucker reduziert wird. Allen genannten Disacchariden kommt die Formel $C_{12}H_{22}O_{11}$, allen genannten Monosacchariden die Formel $C_6H_{12}O_6$ zu.

Disaccharide lassen sich in zwei Monosaccharide spalten, wobei ein Molekül Wasser aufgenommen wird. Das bekannteste Disaccharid Rohr- oder Rübenzucker bildet hierbei je ein Molekül Trauben- und Fruchtzucker.

Aufgaben:
1. Bestätige an der Strukturformel des Rübenzuckers die Bruttoformel durch Nachzählen der Atome!
2. Stelle diejenigen Zucker, die Fehlingsche Lösung reduzieren, denjenigen gegenüber, bei denen die Probe negativ verläuft! Welche Ursache hat die unterschiedliche Reaktion?

Polysaccharide

Bei den Disacchariden waren zwei Monosaccharide miteinander verknüpft. Setzt man diese Verknüpfung durch Anfügen weiterer Monosaccharide gedanklich fort, so erhält man Polysaccharide. Das wichtigste »Grundmolekül« ist hierbei der *Traubenzucker*. Die beiden bedeutsamsten Polysaccharide *Stärke* und *Cellulose* enthalten ausschließlich Traubenzucker als Monosaccharid. Ihr Unterschied liegt in einer andersartigen Verknüpfung der Monosaccharidmoleküle, ähnlich wie dies bei den Disacchariden schon der Fall war.

Stärke wird von Pflanzen in großen Mengen als Reservestoff gespeichert und in dieser Form von Tieren und Menschen genutzt: *Getreidestärke, Kartoffelstärke*. Das große Molekül (Makromolekül) setzt sich aus rund 200 Traubenzuckermolekülen zusammen, die sich unter Wasseraustritt vereinigt haben. Da die Zahl der »Bausteine« schwankt, setzt man hierfür den Buchstaben »n« ein und formuliert die Stärke als $(C_6H_{10}O_5)_n$. Diese Zusammenlagerung kleiner Moleküle zu einem Makromolekül erfolgt bereits im Anschluß an die Photosynthese im grünen Blatt der Pflanze. Der zunächst gebildete Traubenzucker erscheint dann in den Zellen als Stärke. Ihr Nachweis gelingt durch eine typische Reaktion mit Jod, das man in Kaliumjodidlösung eingebracht hat. Diese sogenannte Jodjodkali-Lösung färbt sich mit Stärke intensiv blau (Stärkereaktion).

Stärke bildet als Makromolekül nur kolloidale Lösungen (Scheinlösungen) mit heißem Wasser. Kocht man sie einige Zeit mit verdünnten Säuren, so spielt sich auch hier eine Spaltung ab. Es entstehen die Monosaccharide, Traubenzucker. Während Fehlingsche Lösung von Stärke nicht verändert wird, reagiert sie nach der Spaltung mit dem Traubenzucker. Dafür entfällt verständlicherweise die Jodreaktion. Man kann also mit Hilfe dieser beiden Reagenzien (Fehlingsche Lösung und Jodjodkali-Lösung) das Zerfallen des Makromoleküls in die Untereinheiten gut verfolgen.

Tier und Mensch bauen Stärke in einer besonderen Form *(Glykogen)* in ihre Zellen ein. Vor allem in der Leber ist Glykogen gespeichert.

Cellulose findet sich fast nur im Pflanzenreich, hier aber sehr häufig. Vor allem dient Cellulose als Substanz für die Verdickung von Zellwänden und damit als Festigungsstoff. Auf ihre Gewinnung und Verarbeitung werden wir im Kapitel »Holz« eingehen (siehe *S. 94–100*). Chemisch besteht die Cellulose wie die Stärke aus einer großen Zahl von Traubenzuckermolekülen. Das Makromolekül der Cellulose enthält etwa 2000 solcher Monosaccharidbausteine. Wegen der enormen Größe des Moleküls ist Cellulose unlöslich in Wasser und allen üblichen Lösungsmitteln. In reinem Zustand bildet die Substanz farblose bis weiße Fäden, wie wir sie in der Watte finden.

Technisch wichtig ist unter anderem die sogenannte *Nitrocellulose*. Ihr Name müßte eigentlich *Salpetersäurecelluloseester* lauten, denn sie entsteht durch die Einwirkung von Nitriersäure (Mischung von konzentrierter Salpetersäure und konzentrierter Schwefelsäure; Ester, siehe *S. 38–41*) auf die alkoholischen Gruppen der Cellulose. Sind drei alkoholische Gruppen je

Monosaccharid verestert, so liegt *Schießbaumwolle* vor, ein sehr wirkungsvoller Sprengstoff. Heute verwendet man die Schießbaumwolle vorzugsweise zur Herstellung von rauchlosem Schießpulver.

Die größten Mengen von Cellulose werden zu Textilien verarbeitet: Baumwollwaren, Leinen, Jute. Die Herstellung von Papier wird im Kapitel Holz erwähnt.

Stärke und Cellulose sind die bekanntesten Polysaccharide. Ihre Makromoleküle bestehen aus sehr vielen Molekülen des Monosaccharids Traubenzucker.

Aufgaben: 1. Man kann Cellulose wie die Stärke durch Säuren spalten. Reduziert das Spaltprodukt Fehlingsche Lösung?

2. Man kann der Cellulose ebenfalls die Formel $(C_6H_{10}O_5)_n$ geben. Schreibe die Gleichung für die Bildung von Trisalpetersäurecelluloseester! (Drei OH-Gruppen werden durch drei Reste (NO_3) ersetzt!)

Gärungschemie

Schon beim Äthanol sind wir auf den Begriff der Gärung gestoßen. Nachdem nun die Kohlenhydrate bekannt sind, läßt sich das Thema in allgemeinerer Form behandeln. Bei der alkoholischen Gärung entstand aus Zucker unter der Einwirkung von Hefe Äthanol und Kohlendioxid:

$$C_6H_{12}O_6 \rightarrow 2\,C_2H_5OH + 2\,CO_2$$

Wir haben auch bereits erkannt, daß nicht der Lebensvorgang selbst das Entscheidende ist, sondern jeweils ein Enzym (oder Ferment), das die Reaktion katalysiert und das von bestimmten Lebewesen erzeugt wird. In der Natur laufen derartige Reaktionen ohne Anwesenheit von Sauerstoff ab, und die Organismen gewinnen eine geringe Menge Energie dabei. Die Gärungen sind demnach ein ideales Mittel für die Energieversorgung von Wesen, die unter Ausschluß von Sauerstoff (anaerob) leben müssen. Man kann daher verallgemeinern:

Gärungen sind Vorgänge, bei denen Mikroorganismen chemische Verbindungen unter Freisetzung von Energie abbauen, ohne daß Luftsauerstoff dabei nötig wäre.

Durch das Fehlen des Sauerstoffs unterscheiden sich Gärungen sehr wesentlich von Atmungsvorgängen. In beiden Fällen wird aber Energie gewonnen, freilich ist die »Ausbeute« bei den Atmungsvorgängen viel größer.

Da die Erzeugung von Alkohol durch Gärung erhebliche wirtschaftliche Bedeutung hat, sei sie hier in größerem Zusammenhang betrachtet. Vor allem die *Bierbrauerei* basiert auf der Enzymwirkung der Hefe. Vergleichen wir noch einmal mit der Weinbereitung! Dort befindet sich Traubenzucker im Beerenpreßsaft, und die für die Gärung benötigte Hefe ist von Natur aus in der Flüssigkeit enthalten; sie braucht nicht zugesetzt zu werden. Anders ver-

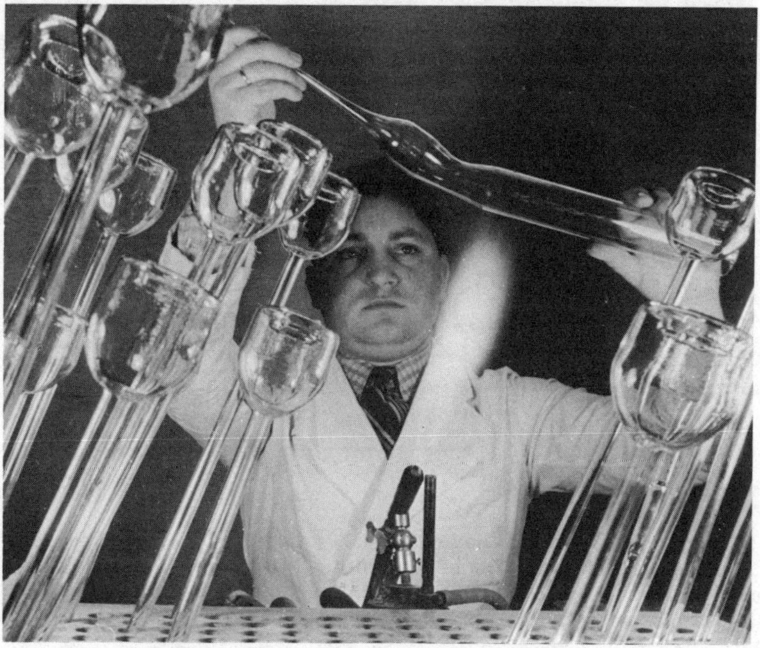

Im Labor einer Brauerei werden Glasgeräte für spezielle Verwendungszwecke gefertigt

hält es sich bei der Bierbrauerei. Ausgangssubstanz ist überhaupt kein Zucker, sondern ein makromolekulares Kohlenhydrat, die Stärke der Gerstenkörner. Um aus der Stärke Zucker zu gewinnen, läßt man sie zunächst in feuchtem Zustand einige Zeit keimen. Hierbei wandelt ein Enzym, die *Diastase*, des Gerstenkorns die Stärke in das Disaccharid Malzzucker um. Ist dies geschehen, so unterbricht man den Keimungs- und damit auch den Zuckerbildungsvorgang durch Erhitzen der Gerste auf 50 bis 100° C. Das sogenannte *Darrmalz* enthält *Aroma*- und *Farbstoffe* (Karamel), die sich beim »Darren« bilden. Sie kommen dem späteren Bier zugute.
Durch Polieren werden die Keimwurzeln des Darrmalzes abgestoßen, und nach dem Mahlen gelangt das Schrot, versetzt mit Wasser, in den Maischbottich *(Abb. 18)*. In der sogenannten Maische lösen sich der Malzzucker, Eiweiß und einige andere Begleitstoffe auf. Nach dem Abfiltrieren der unlöslichen Rückstände erhält der Brauer die sogenannte Bierwürze. Sie enthält noch keinen Alkohol. Durch Erhitzen zerstört man die vorhandenen Enzyme des Malzes und fällt gleichzeitig das Eiweiß aus, das den Geschmack des Bieres verfälschen würde. Zugleich setzt man Hopfen zu, der die Ausfällung fördert und den herben Geschmack des späteren Bieres bedingt. Erst nach sorgfältiger Kühlung der Würze gelangt diese in den Gärkeller, wo nun Reinzuchthefe zugesetzt wird. Unter erheblicher Kohlendioxid-

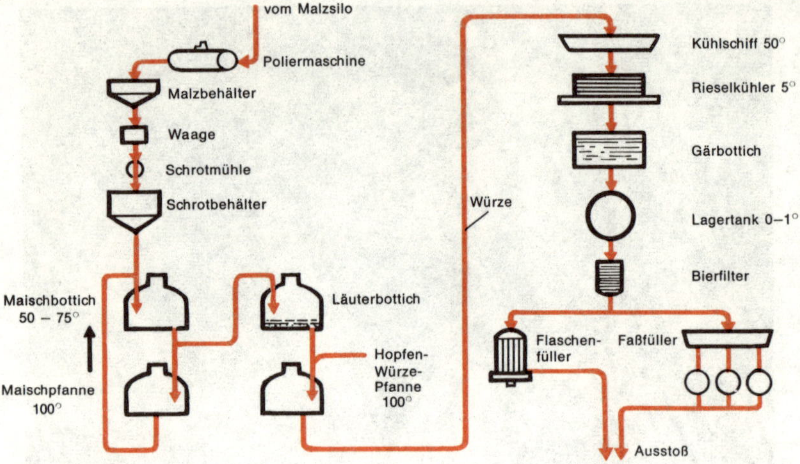

Abb. 18. Schema einer Brauerei

bildung erfolgt nun die Hauptgärung: Es bildet sich Alkohol aus dem Malzzucker, wobei der Traubenzucker als Zwischenstadium auftritt. Anschließend muß das Bier noch »reifen«, es unterliegt einer Nachgärung in geschlossenen Tanks.

Technisch gliedert sich die Bierbrauerei in die drei Teilvorgänge Malzbereitung, Würzebereitung und Gärung. Chemisch zerlegen Enzyme der Gerste und der Hefe das Stärkemolekül letztlich in Kohlendioxid und Alkohol.

Stärke → Malzzucker → Traubenzucker → Äthanol + Kohlendioxid

Nach dem gleichen Schema verläuft auch die *Erzeugung von Spiritus* (Äthanol), wenn man nicht von der Gersten-, sondern von der Kartoffelstärke ausgeht. Dieses Verfahren, das große Mengen hochprozentigen Alkohols liefert, nutzt die billigeren Kartoffeln als Rohstoff aus. Auch hier verzuckert die Diastase von Malz die Stärke, die sich in den Zellen der Kartoffelknollen befindet. Um die Zellen aufzubrechen, erhitzt man allerdings die Kartoffeln zunächst unter Druck und hebt dann den Druck plötzlich auf: Die Zellwände platzen. Die zuckerhaltige Maische vergärt man mit Hefe. Den entstehenden Alkohol destilliert man anschließend und gewinnt auf diese Weise ein Konzentrat, den Spiritus. Branntweine der verschiedensten Herkunft (Korn, Whisky) werden ebenfalls durch Destillation gewonnen. Eine unmittelbare Herstellung hochprozentiger alkoholischer Lösungen ist nicht möglich, da die Hefezellen bei einer Konzentration von etwa 15% Äthanol absterben.

Bisher haben wir nur die verschiedenen Typen der alkoholischen Gärung kennengelernt. Es gibt aber noch zahlreiche andere Gärungsabläufe, bei

Oben: Großbrauereien unterhalten eigene Mälzereien, in denen die Braugerste vorgekeimt wird. *Unten:* Technische Filterpressen in den Cassella Farbwerken Mainkur

Im Gärkeller wird die Temperatur im Gärbottich genau kontrolliert. Schaum bedeckt die Oberfläche der Flüssigkeit denen Ausgangsstoffe, Mikroorganismen und Endprodukte völlig verschieden von den bisher besprochenen Beispielen sein können. Wir greifen einige heraus. Gemeinsam ist bei allen Gärungen lediglich der Abbau durch Mikroorganismen und das Fehlen von Luftsauerstoff beim Reaktionsablauf.

Zucker wird nicht nur von Hefe, sondern auch von Milchsäurebakterien abgebaut. Sie erzeugen jedoch durch ihre Enzyme nicht Alkohol und Kohlendioxid, sondern eine sauer reagierende organische Verbindung, die *α-Oxypropionsäure:*

$$\begin{array}{c} CH_3-\underset{\displaystyle OH}{\underset{|}{CH}}-COOH \end{array}$$

Sie wird meist *Milchsäure* genannt, da sie durch bakterielle Einwirkung beim Sauerwerden der Milch entsteht. Diese *Milchsäuregärung* spielt sich aber auch bei der Bildung des Sauerkrauts ab. Desgleichen findet man Milchsäure in dem Viehfutter, das im Silo einer Gärung unterworfen wird. Hierbei konserviert man die Nahrungspflanzen und schützt sie zugleich gegen Fäulnisbakterien, da sich diese in der Gegenwart von Milchsäurebakterien nicht entwickeln können.

Bei der *Buttersäuregärung* bilden Buttersäurebakterien die übelriechende Verbindung C_3H_7COOH. Als Nebenprodukte entstehen Kohlendioxid und Wasserstoffgas.

In neuerer Zeit erlangt die *Methangärung* erhebliche Bedeutung. Bestimmte Bakterien sind in der Lage, verschiedene organische Verbindungen zu Methan CH_4 abzubauen. Da solche Verbindungen in großen Mengen anfallen, wenn Abwässer unserer Städte gereinigt werden, bietet sich hier ein Verfahren an, die Kläranlagen wirtschaftlich zu nutzen, indem man Methan (für Heiz- und Synthesezwecke) erzeugt.

Aufgaben:

1. Mitunter wird auch die Oxidation von Äthanol zu Essigsäure unter dem Einfluß von Essigbakterien als Gärung bezeichnet. Warum ist dies nicht korrekt?
2. Von welchem Kohlenwasserstoff leitet sich die Buttersäure ab?
3. Wo findet sich Methan in der Natur?

Verdauung der Nahrungsstoffe

Jedes Lebewesen braucht Nahrungsstoffe. Pflanzen erzeugen sie selbst durch den Vorgang der Photosynthese. Tiere und Menschen müssen sie von den Pflanzen übernehmen. Alle Nahrungsstoffe lassen sich in die drei Gruppen der *Fette*, der *Eiweißstoffe* und der *Kohlenhydrate* einordnen. Zusätzlich werden Wasser, Salze und Vitamine benötigt. Sie dienen jedoch nicht der Energieversorgung des Körpers und können daher nicht als Nahrungsstoffe angesehen werden. Man nennt sie *Zusatzstoffe*.

Fette, Eiweißstoffe und Kohlenhydrate erfüllen unterschiedliche Aufgaben im Organismus. Daher sollte die aufgenommene Nahrung alle drei Gruppen in ausgewogenem Verhältnis bieten. Nur so kann man Mangelerscheinungen und damit Schäden vermeiden. Unsere Kost muß abwechslungsreich sein; pflanzliche Nahrungsmittel (Kartoffeln, Reis, Gemüse) werden ergänzt durch tierische (Fleisch, Speck, Milch, Butter). Wir betrachten im folgenden die drei Gruppen Fette, Eiweißstoffe und Kohlenhydrate getrennt, obwohl sie nur durch ihr Zusammenwirken unsere Gesundheit garantieren.

Fette benötigt unser Körper hauptsächlich für seinen Betriebsstoffwechsel. Man versteht darunter die Vorgänge, die zur Aufrechterhaltung der Körperfunktionen, vor allem zur Erzeugung der Körperwärme, nötig sind. Fett ist ein guter »Brennstoff«, da bei der Oxidation von einem Gramm Fett im Organismus 9,3 kcal (Kilokalorien) frei werden. Zum Vergleich: Eiweiß und Kohlenhydrate liefern nur je 4,1 kcal je Gramm. Fettreiche Nahrung ist demnach in kalten Klimagebieten angebracht (Eskimos!). Überschüssiges Fett, das der Körper nicht unmittelbar verwerten kann, wird abgelagert. Solche »Polster« findet man in der Unterhaut des Bauches ebenso wie an den Därmen. In Hungerzeiten baut der Körper diese Vorräte ab, bevor er andere Reserven mobilisiert.

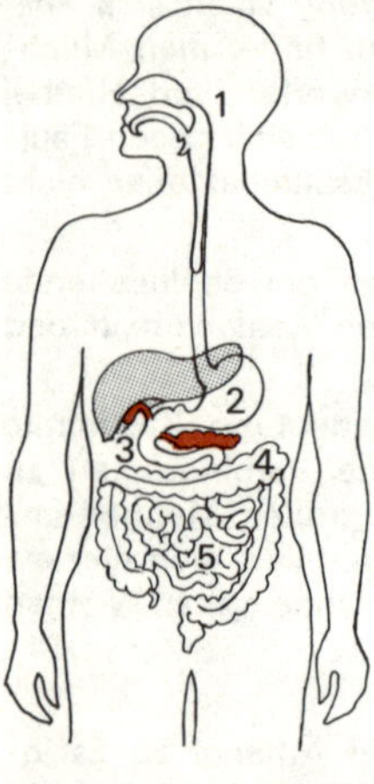

Als wasserunlösliche Substanzen durchlaufen die Fette den Magen unverändert. Erst im Zwölffingerdarm *(Tabelle 7)* greift ein Enzym der Bauchspeicheldrüse, das man *Lipase* nennt, das Fett an. Dort – im Zwölffingerdarm – tritt auch die Gallenflüssigkeit hinzu, die in der Leber erzeugt und in der Gallenblase gespeichert wird. Die *Gallenflüssigkeit* hat keine Enzymwirkung, sondern emulgiert lediglich die

Tabelle 7: Schema der Verdauungsvorgänge

Ort	Erzeuger des wirksamen Stoffes	Wirksamer Stoff	Bewirkte Vorgänge
1 Mund	Speicheldrüsen	Ptyalin	Stärke → Malzzucker
2 Magen	Magenschleimhaut	Pepsin	Eiweiß → Polypeptide
3 Zwölffingerdarm	Leber	Gallenflüssigkeit (kein Enzym!)	Emulgiert die Fette
	Bauchspeicheldrüse	Lipase Trypsin Diastase	Fett → *Glycerin und Fettsäuren* Polypeptide → Aminosäuren Stärke → Malzzucker
4 Dünndarm	Dünndarmschleimhaut	Erepsin Maltase	Polypeptide → *Aminosäuren* Malzzucker → *Traubenzucker*
5 Dickdarm	—	—	Gärungen

Fette. Man versteht darunter ein Aufteilen der flüssigen Fette in kleinere Tröpfchen, ähnlich wie es die modernen Waschmittel tun. Je kleiner die Fettpartikel sind, desto größer ist im Verhältnis die Oberfläche und desto besser kann das Enzym einwirken. Die Lipase erzwingt im alkalischen Bereich des Darmes einen Spaltungsvorgang, den man chemisch eine Verseifung nennen muß: Lipase zerlegt die Glycerinester der Fettsäuren, nämlich die Fette, in Glycerin und Fettsäuren:

$$
\begin{array}{lcll}
CH_2{-}OOC{-}C_{15}H_{31} & & CH_2{-}OH & HOOC{-}C_{15}H_{31} \\
| & & | & \\
CH{-}OOC{-}C_{17}H_{35} & + 3\,H_2O \rightarrow & CH{-}OH \quad + & HOOC{-}C_{17}H_{35} \\
| & & | & \\
CH_2{-}OOC{-}C_{17}H_{33} & & CH_2{-}OH & HOOC{-}C_{17}H_{33}
\end{array}
$$

In der Form des Glycerins und der Fettsäuren wird das Fett von den Darmzellen aufgenommen, resorbiert. In der Darmwand baut der Körper aus diesen Bestandteilen wieder arteigenes Fett auf und transportiert es auf dem Weg der Lymphe zu den Orten des Verbrauchs. Das Blut wird hierfür nicht herangezogen! Offenbar soll Fett die Leber nicht passieren, was unumgänglich wäre, wenn der Blutkreislauf benutzt würde. Erst in sehr verdünntem Zustand kann das Fett dieses Organ schließlich erreichen. Die Oxidation (»Verbrennung«) der Fette erfolgt an den Orten des Verbrauchs.

Die Fette werden von der Lipase der Bauchspeicheldrüse unter Mitwirkung der Gallenflüssigkeit in Glycerin und Fettsäuren zerlegt. Sie dienen vorwiegend dem Betriebsstoffwechsel.

Eiweißstoffe haben ganz andere Aufgaben im Körper zu erfüllen. Sie sind im wesentlichen für den Baustoffwechsel wichtig: Eiweiß ist die Grundsubstanz jeder lebenden Zelle und wird zum Wachstum benötigt. Der Organismus verwertet aufgenommenes Eiweiß demnach vor allem für den Zuwachs und die Erhaltung seiner Zellen, nicht zur unmittelbaren Oxidation. Wegen des Stickstoffgehalts kann Eiweiß auch nicht aus Fetten oder Kohlenhydraten aufgebaut werden; ein Austausch der Nährstoffe untereinander ist in diesem Fall nicht möglich. So ist regelmäßige und ausreichende Zufuhr von Protein mit der Nahrung unbedingte Voraussetzung für eine gesunde körperliche und geistige Entwicklung. Grob gerechnet, soll der Mensch täglich etwa ein Gramm Eiweiß je Kilogramm seines Körpergewichts zu sich nehmen. Bei normaler Ernährung ist das stets der Fall. In Ländern mit eiweißarmer Kost (Reis!) kann es jedoch bei ärmeren Bevölkerungsschichten zu Mangelerscheinungen kommen. Wegen der großen Bedeutung der Eiweißstoffe für die Lebenstätigkeit der Zellen werden Proteine auch im Hungerzustand erst als letzte Reserven angegriffen.
Die Eiweißverdauung beginnt bereits im Magen. Der stark saure Mageninhalt bietet die besten Voraussetzungen für die Wirksamkeit des Enzyms *Pepsin*, das die Magenwand abscheidet. Die Proteine werden zwar nicht bis zu den kleinsten Bausteinen, den Aminosäuren, abgebaut, doch wird das Makromolekül in einzelne Bruchstücke zerlegt, die man Polypeptide

nennt. Peptide sind die Moleküle, die durch die Vereinigung von Aminosäuren entstehen (Peptidbindung; Eiweißstoffe, siehe *S. 74–79*). Die Polypeptide gelangen anschließend in den Zwölffingerdarm, wo die Bauchspeicheldrüse das Enzym *Trypsin* abscheidet. In Zusammenarbeit mit dem *Erepsin* der Dünndarmwand zerlegt das Trypsin die Polypeptide während des Darmdurchgangs in die Aminosäuren als Grundbestandteile der Proteine. Sie werden wiederum von den Zellen der Darmwand resorbiert und in der Leber zu Eiweißstoffen zusammengesetzt, die der Mensch für sein Leben benötigt. In der Leber werden auch überschüssige Aminosäuren abgebaut, wobei aus Kohlendioxid und Ammoniak der Aminogruppe —NH_2 Harnstoff gebildet wird. Diesen scheiden die Nieren im Urin ab. Harnstoff hat die Formel:

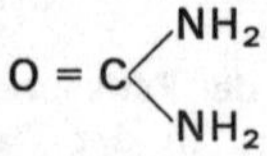

Eiweißstoffe werden beim Verdauungsvorgang zu Aminosäuren abgebaut. Sie dienen hauptsächlich dem Baustoffwechsel.

Kohlenhydrate sind für uns wichtige Energielieferanten. Vor allem Stärke und Zucker werden leicht im Betriebsstoffwechsel oxidiert. Die *tierische Stärke (Glykogen)* ist die Form, in der Zucker gespeichert wird. Wir finden Glykogen vor allem in der Leber. Stets enthält das Blut rund 0,1% Traubenzucker, so daß genügend »Brennstoff« für die Muskeln verfügungsbereit gehalten wird. Verbrauchen wir den Zucker durch Muskeltätigkeit, so mobilisiert die Leber die Glykogenvorräte: Aus Stärke entsteht Traubenzucker, so daß die Verluste ersetzt werden.

Die Verdauung der Kohlenhydrate erfolgt über verschiedene Zwischenstufen. Nur Traubenzucker »geht sofort ins Blut«; man will damit sagen, daß keine Verdauungsfermente nötig sind, um ihn in resorbierbare Form zu bringen. Traubenzucker passiert ohne weitere Veränderung die Darmwand und ist deshalb als rasch wirkendes Stärkungsmittel beliebt. Verdünnte Lösungen kann der Arzt sogar unmittelbar ins Blut einspritzen. Alle übrigen Kohlenhydrate – vor allem die Stärke – müssen erst durch Enzyme abgebaut werden.

Cellulose kann der menschliche Körper nicht verwerten. Die Substanz, die insbesondere die Wände der Pflanzenzellen bildet, wird unverändert wieder ausgeschieden. Lediglich durch Gärungsvorgänge im letzten Teil des Darmes (Dickdarm) können Mikroorganismen, die im Kot leben, die Cellulose in beschränktem Maße angreifen (Gaserzeugung im Darm). Die Wiederkäuer (Rind, Schaf, Ziege) nutzen allerdings die Cellulose ihrer pflanzlichen Nahrung dadurch aus, daß sie Bakterien und tierische Einzeller in dem größten Abschnitt ihres Magens, im Pansen, beherbergen. Diese Organismen bauen Cellulose ab, verwerten sie und werden selbst letztlich wieder von den Säugetieren verdaut. So kommt den Rindern, Schafen und Ziegen die Cellulose zugute.

Die Verdauung der Stärke wird beim Menschen bereits im Mund angebahnt. Das Enzym *Ptyalin*, das sich im Speichel findet, baut Stärke zu Malzzucker ab. Daher schmeckt ein Stück Brot süß, wenn man es längere Zeit im Mund kaut. Freilich reicht die Dauer der Einwirkung des Ptyalins nicht für den Abbau der gesamten Stärke aus. Es müssen daher im Verdauungsgang weitere Enzyme wirksam werden. Dies geschieht nicht im Magen, sondern erst im

Zwölffinger- und Dünndarm. Die Bauchspeicheldrüse erzeugt nämlich auch ein Enzym, das für den Kohlenhydratabbau wichtig ist, die *Diastase*. Diastase zerlegt die Stärke in Malzzucker, wie es auch das Ptyalin tut. Weitere Enzyme des Dünndarms spalten dann den Malzzucker in Traubenzuckermoleküle auf. Das Enzym *Maltase* vermag auch den Rübenzucker unserer Nahrung in die Bausteine Traubenzucker und Fruchtzucker zu zerlegen. Erst als Monosaccharide nehmen die Darmzellen die Zuckerstoffe auf und leiten sie durch das Blut zur Leber oder unmittelbar an die Organe, die Energie erzeugen.

Kohlenhydrate werden gegebenenfalls zu Monosacchariden abgebaut und stets in dieser Form resorbiert. Als schnell verfügbare Energielieferanten sind sie im Betriebsstoffwechsel wichtig.

Alle Nahrungsstoffe durchlaufen im Körper sehr komplizierte Reaktionen, durch die sie zum Teil ineinander übergeführt werden können. Letzten Endes unterliegen jedoch alle einer Oxidation. Hierbei entsteht grundsätzlich Kohlendioxid und Wasser. Der Stickstoff der Aminosäuren verläßt den Körper als Harnstoff, gelöst im Urin. Kohlendioxid atmen wir durch die Lungen aus.

Aufgaben:

1. Weise durch Schreiben der Gleichung nach, daß die Spaltung von Stärke zu Malzzucker Wasser benötigt!
2. Harnstoff bildet sich aus Kohlendioxid und Ammoniak unter Wasserabspaltung (organische und anorganische Chemie, siehe *S. 9ff.*). Schreibe die Gleichung hierfür!

Holz

Das Polysaccharid Stärke hat als Nahrungsmittel Bedeutung. Chemisch steht ihm die Cellulose sehr nahe, doch liegt deren Wert mehr auf dem Sektor nutzbarer Werkstoffe. Dennoch führt – wie wir sehen werden – ein Weg von der Cellulose, die für uns weitgehend unverdaulich ist, zum Zucker und damit zu den Nahrungsmitteln. Die meiste Cellulose wird aus Holz gewonnen. Daher wollen wir diesem technischen und chemischen Rohstoff unsere besondere Aufmerksamkeit widmen.

Holz ist ein Pflanzenmaterial, das zu 30% bis 40% aus *Cellulose* besteht. Weitere 20% bis 30% bilden sogenannte *Hemicellulosen* (Halbcellulosen), die im wesentlichen ebenfalls aus verschiedenen Polysacchariden aufgebaut sind. Der Rest ist vorwiegend *Lignin* und Wasser. Lignin oder Holzstoff bedingt die Festigkeit des Holzes, hat aber als chemisches Rohmaterial keine Bedeutung. Man sucht daher das Lignin bei der Gewinnung der Cellulose möglichst vollständig abzutrennen.

Die *Gewinnung der Cellulose* läuft somit vor allem auf eine Abscheidung des Lignins hinaus. Da Lignin sich in verschiedenen Flüssigkeiten löst, Cellulose aber unlöslich ist, gelingt die Trennung verhältnismäßig einfach. Als Lösungsmittel eignen sich unter anderem Calciumhydrosulfit $Ca(HSO_3)_2$ in Wasser sowie Natronlauge NaOH. Kocht man zerkleinertes Holz unter Druck in diesen Flüssigkeiten, so löst sich das Lignin auf, und die Cellulose bleibt als faserige, weiße Masse zurück. Nach dem Waschen und Trocknen bezeichnet man die so gewonnene Cellulose als *Halbstoff*.

Die Beseitigung der kaum verwertbaren ligninhaltigen Laugen ist ein schwieriges Problem. Man hat sie als Abwässer in die Flüsse geleitet, doch ist diese Methode vom Standpunkt des Umweltschutzes aus zu beanstanden. Nach Wasserentzug kann man das Lignin als Heizmaterial verwenden, doch ist diese Art der Aufbereitung zu teuer.

Halbstoff ist ziemlich reine Cellulose. Man verwendet den »Zellstoff« für die Herstellung von Schießbaumwolle, Papier und bestimmte Arten von Kunstseide.

Die Schießbaumwolle haben wir schon bei der Betrachtung der chemischen Eigenschaften von Cellulose erwähnt (siehe *S. 83f.*).

Papiergewinnung

Der faserige Halbstoff scheint sich wenig zur Herstellung von glattem, schreibfähigem *Papier* zu eignen. In Wirklichkeit gelingt es jedoch verhältnismäßig leicht, die Fasern mit Leim- und Füllstoffen so miteinander zu verkitten, daß eine feste Schicht daraus entsteht. Während Leim die Cellulosemasse zusammenklebt, bewirken die Füllstoffe (zum Beispiel Kaolin) eine Verstopfung der Poren, die andernfalls das Gleiten einer Schreibfeder verhindern würden. Ungeleimte Papiere eignen sich als Lösch- und Filterpapiere. Geht man nicht von reinem Halbstoff (oder auch von Cellulosefasern

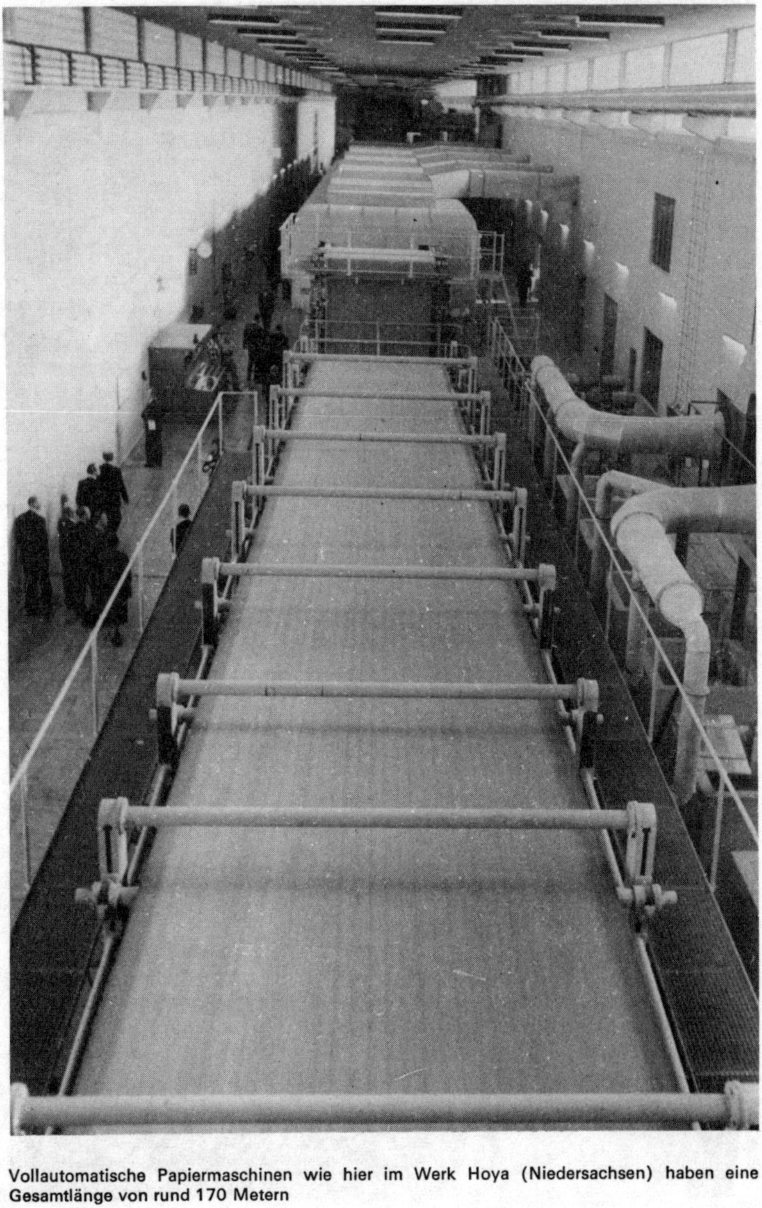

Vollautomatische Papiermaschinen wie hier im Werk Hoya (Niedersachsen) haben eine Gesamtlänge von rund 170 Metern

Oben: Blick auf eine Karton-Großproduktions-Anlage, die insgesamt eine Länge von 180 Metern aufweist. Der Tagesausstoß beträgt etwa 200 Tonnen. *Unten:* Moderne Papierherstellungsmaschine in einer Papierfabrik

aus Lumpen) aus, sondern verwendet man minderwertigere Ware, so erhält man das für Druckzwecke noch geeignete Zeitungspapier. Es vergilbt am Licht. Die Ursache hierfür liegt darin, daß zu seiner Herstellung vermahlenes und zerfasertes Holz benutzt wird. Dieser sogenannte *Holzschliff* wird lediglich gebleicht, enthält aber noch Lignin, worauf die Veränderung bei Belichtung zurückzuführen ist. Auch Pappe und Karton fertigt man aus diesem billigen Rohmaterial. Die Herstellung der Papierbahnen erfolgt in der Praxis auf langen Walzenstraßen. Die Mischung der Ausgangsstoffe gelangt zwischen Pressen, wird dann durch geheizte Walzen getrocknet und schließlich aufgerollt, so daß große Papiertrommeln entstehen.

Kunstseide

Halbstoff ist aber auch das Ausgangsprodukt für verschiedene Fasern, die sich zu sogenannter Kunstseide verarbeiten lassen. Heute werden diese auf Cellulosebasis hergestellten Textilien zwar mehr und mehr von vollsynthetischen Kunststoffen wie Perlon, Nylon und anderen Produkten verdrängt, sie haben jedoch in bestimmten Bereichen noch ihre Bedeutung.
Kunstseidefasern erhält man dann, wenn man Cellulose in Lösung bringt, die Lösung durch kleine Düsenöffnungen preßt und das Lösungsmittel im Anschluß daran beseitigt.
Allerdings löst die Cellulose sich – wie wir wissen – in keinem der üblichen Lösungsmittel ohne chemische Veränderung. Solche Veränderungen sind jedoch nicht nachteilig, wenn sie entweder in der Faser wieder aufgehoben werden oder sich in der Qualität nicht auswirken. Man unterscheidet im wesentlichen drei Arten von Kunstseide: *Kupfer-*, *Acetat-* und *Viskoseseide*.

Kupferseide gewinnt man dadurch, daß man Cellulose (Halbstoff) in eine Mischung von Kupfersulfat und konzentriertem Ammoniak einbringt. Die tiefblau gefärbte Flüssigkeit, die man *Schweitzers Reagenz* nennt, löst Cellulose auf. Preßt man sie durch Spinndüsen in Schwefelsäure, so fällt die Cellulose in Fadenform wieder aus *(Abb. 19)*.

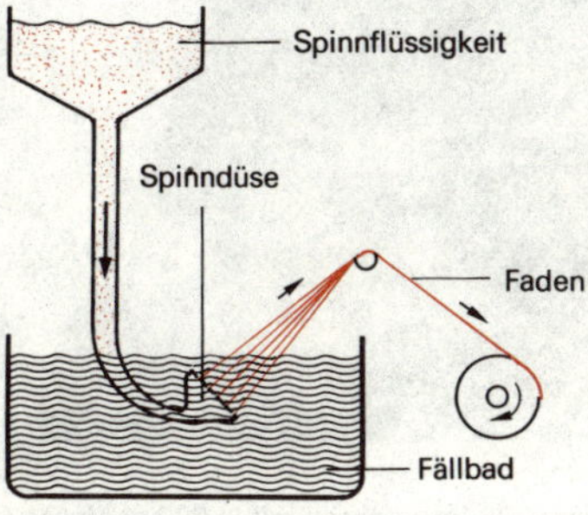

Abb. 19. **Schema der Herstellung einer Kunstseide**

Herstellung von Viskoseseide: 200 Spinndüsen mit je 800 endlosen Fasern erzeugen mit einer Geschwindigkeit von mehreren Metern in der Sekunde die Kunstseidefäden

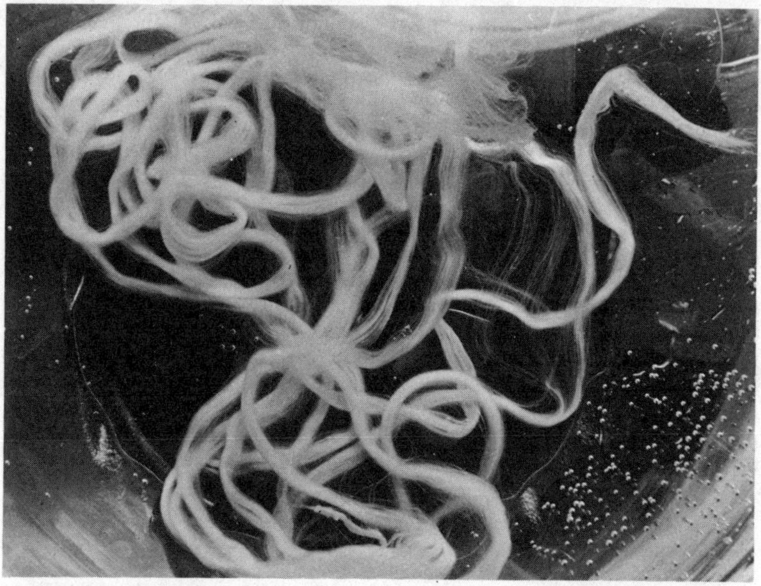

Viskoseseide im Fällbad: Jeder einzelne Faden setzt sich aus Fasern zusammen, die feiner als Spinnengewebe sind

Acetatseide erhält man, wenn die Cellulose durch Veresterung mit Essigsäure in einen Essigsäurecelluloseester umgewandelt wird. Die OH-Gruppen reagieren hier als alkoholische Gruppen. Dieser Ester löst sich in Aceton, kann durch Düsen gepreßt und nach Verdunsten des Lösungsmittels Aceton versponnen werden. Die Fasern bestehen somit nicht aus reiner Cellulose, sondern aus einem Essigsäureester der Cellulose.
Die größte Bedeutung innerhalb der drei Arten hat heute noch die *Viskoseseide*. Man erhält sie durch Auflösen der Cellulose in einer Mischung von Natronlauge und Schwefelkohlenstoff CS_2, einer farblosen Flüssigkeit. Als Fällbad nach dem Pressen durch die Düsen verwendet man eine salzhaltige Schwefelsäure. Zur Viskoseseide muß man auch die praktisch wichtige *Zellwolle* rechnen, denn sie wird auf die gleiche Weise hergestellt. Man verarbeitet sie aber nicht in Form langer Fäden, sondern zerschneidet sie in kurze Faserstücke, die dann mit Wolle oder Baumwolle vermischt und mit diesen Fasern gemeinsam versponnen werden.

Holzverzuckerung

Das Kohlenhydrat Cellulose ist zwar für uns unverdaulich, besteht aber chemisch aus Monosacchariden. Gelingt es, das Makromolekül in seine Bausteine zu zerlegen, so wird Cellulose für die Ernährung nutzbar. Da das Holz

im wesentlichen aus Cellulose besteht, spricht man bei Verfahren, die diese Zerlegung ermöglichen, von *Holzverzuckerung*. Man muß sich dabei aber im klaren sein, daß das reichlich vorhandene Lignin nicht mit umgesetzt werden kann.
Technisch wird die Holzverzuckerung so durchgeführt, daß man auf Holzschnitzel Salz- oder Schwefelsäure einwirken läßt. Je nach dem verwendeten Verfahren arbeitet man bei normaler Temperatur oder unter Druck bei 170° C. In jedem Fall spaltet sich das Cellulosematerial unter Wasseraufnahme in Traubenzucker. Man erhält nach der Neutralisation eine zuckerhaltige Flüssigkeit, die man in Anlehnung an die Vorgänge beim Bierbrauen Würze nennt. Es wäre nämlich unrentabel, aus dieser Würze den Traubenzucker in kristallisierter Form zu gewinnen. Man benutzt die Flüssigkeit vielmehr nach Zugabe von Salzen als Nährlösung für Hefe oder Bakterien. Die Mikroorganismen leiten eine Gärung ein und produzieren je nach Art Äthanol oder Säuren (Gärungschemie, siehe *S. 84–89*). Hefezüchtung bedient sich in großem Umfang der Holzverzuckerung. Biologisch betrachtet, gewinnt man auf diese Weise aus Kohlenhydraten über die Hefepilze Eiweiß, denn die Zellen der Mikroorganismen können sich nur vermehren, wenn Eiweiß erzeugt wird.

Die Verzuckerung der im Holz vorhandenen Cellulose ermöglicht die Erzeugung von Alkohol und führt zur Produktion von Eiweiß durch Mikroorganismen.

Aufgaben:

1. Welche Salze muß man einer Holzzuckerwürze beigeben, damit Mikroorganismen Eiweiß produzieren können? Denke an die im Protein vorhandenen Elemente!
2. Worin unterscheidet sich die Acetatseide von den übrigen Kunstseiden?
3. Woran erkennt man holzfreies Papier?

Kunststoffe

Es ist nicht ganz leicht, den Begriff »Kunststoff« zu definieren. Streng genommen, sind alle vom Chemiker in der Retorte erzeugten Substanzen, die nicht in der Natur existieren, künstlich erzeugte Stoffe, Kunststoffe. In der Praxis hat sich jedoch eingebürgert, nur solche Substanzen Kunststoffe zu nennen, die aus makromolekularen organischen Verbindungen aufgebaut sind, durch Synthese gewonnen werden und sich in irgendeinem Stadium ihrer Erzeugung plastisch formen lassen. Somit kann es sich um Fasern, Folien oder kompakte Werkstücke handeln. Die Kunstseiden (Holz, siehe *S. 94–100*) rechnet man im allgemeinen nicht dazu. Auf die Formbarkeit spielt der im Deutschen für Kunststoffe jetzt häufig verwendete Name »Plaste« an.

Für alle vollsynthetischen Kunststoffe gilt: Sie werden gewonnen, indem man kleine Moleküle zu Makromolekülen zusammenlagert.

Grundsätzlich bieten sich hierfür zwei Möglichkeiten an, die *Polykondensation* und die *Polymerisation*. Wir wollen die beiden Verfahrensweisen an typischen Beispielen erläutern. Die Zahl der Kunststoffe ist heute allerdings so groß, daß hier nur einige wenige Namen genannt werden können. Einen Überblick über bekannte Kunststoffe gibt *Tabelle 8*.

Tabelle 8: Kunststoffe und ihre Verwendung

Chemische Kennzeichnung	Handelsprodukt	Verwendungsgebiete
Polyamide $[-NH-(CH_2)_5-CO-]_n$	Nylon, Perlon, Ultramid, Rilsan, Trelon	Zahnräder, Möbelbeschläge, Hammerköpfe, Reißverschlüsse, Dichtungen, Textilfasern
Polyäthylen $[-CH_2CH_2CH_2CH_2-]_n$	Alathon, Hostalen, Lupulen, Polythene, Vestolen, Suprathen	Haushaltsgegenstände, Geschirr, Körbe, Wannen, Camping-Artikel, Elektrokleinteile, Verpackung
Polymethacrylate 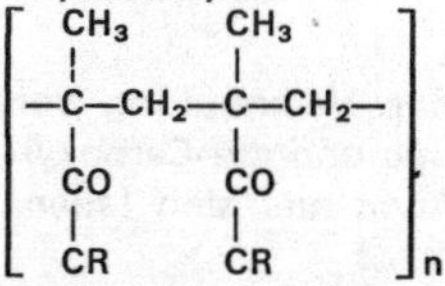	Plexiglas, Plexigum, Resarit	Haushalt, Werbezwecke, Innenarchitektur, Brillengestelle, Leuchtröhren, Linsen, Narkosemasken, Schmuckwaren, Trockenhauben, Stopplichter, elastische Prothesen, künstliche Augen, Lacke
Polystyrol $[-CH-CH_2-CH-CH_2-]_n$ C_6H_5 C_6H_5	Lustex, Styron, Polystyrol, Vestyron	Spulen, Radiogehäuse, Isolierstücke, Telefonapparate, Bürsten, Geschirr, Camping-Artikel, Küchenmaschinen, Kühlschrankteile, Verpackung
Polyvinylchlorid $[-CHCl-CH_2-CHCl-CH_2-]_n$ = PVC	Hostalit, Mipolam, Vestolit, Vinoflex, Vinylite, Vinnol	Akkuteile, Dichtungen, Gefäße, Profile, Verpackungen, Bodenbeläge, Haushalt, Bauwesen, Verkehrswesen

Polykondensation

Die erste vollsynthetische Faser war *Nylon*. Sie wurde 1933 in den USA entwickelt. Um zu fadenförmigen Makromolekülen zu kommen, ging man von bereits »fadenförmigen« Verbindungen aus, nämlich von *1,6-Diamino-hexan* und *Hexandisäure*, meist *Adipinsäure* genannt. Die beiden Moleküle ließen sich durch Reaktion ihrer Amino- und Carboxylgruppen miteinander koppeln. In der gleichen Weise sind auch die Aminosäuren der Eiweißstoffe miteinander verbunden (Eiweißstoffe, siehe *S. 74–79*), so daß man in gewissem Sinn sagen kann, Nylonfäden erinnerten an Fäden von Spinnen, die ja ebenfalls aus Protein aufgebaut sind. Die Festigkeit der synthetischen Fasern ist jedoch viel größer. Das Schema der Verknüpfung von 1,6-Diamino-hexan und Adipinsäure läßt sich leicht verstehen:

$$H_2N\text{—}(CH_2)_6\text{—}NH_2 + HOOC\text{—}(CH_2)_4\text{—}COOH + H_2N\text{—}(CH_2)_6\text{—}NH_2 + \ldots$$
$$\downarrow \; -H_2O$$
$$H_2N\text{—}(CH_2)_6\text{—}NH\text{—}OC\text{—}(CH_2)_4\text{—}CO\text{—}HN\text{—}(CH_2)_6\text{—}NH\text{—}\ldots$$

Bei jeder Verknüpfung wird ein Wassermolekül freigesetzt. Reaktionen, die unter Freisetzung eines kleinen Moleküls wie Wasser oder Ammoniak verlaufen, nennt man allgemein Kondensationen.

Bei einer Polykondensation vereinigen sich viele Moleküle unter Wasseraustritt zu einem Makromolekül.

Diese Reaktionsweise ist die Grundlage für sehr viele Kunststoffe. Zum Beispiel entsteht auch *Perlon* nach diesem Prinzip. Perlon wurde 1938 in Deutschland entwickelt. Für diese Faser benötigt man nur ein einziges Ausgangsprodukt, die *ε-Amino-capronsäure (ε-Amino-hexansäure)*. Der griechische Buchstabe ε (Epsilon) gibt die Stellung der Aminogruppe an. Bei den α-Aminosäuren stand die Gruppe am ersten Kohlenstoffatom, das der Carboxylgruppe folgte: α ist der erste Buchstabe im griechischen Alphabet. ε ist der fünfte Buchstabe. Somit steht die Aminogruppe am fünften Kohlenstoffatom:

$$H_2N\text{—}\underset{\varepsilon}{CH_2}\text{—}\underset{\delta}{CH_2}\text{—}\underset{\gamma}{CH_2}\text{—}\underset{\beta}{CH_2}\text{—}\underset{\alpha}{CH_2}\text{—}COOH$$

Das Formelbild zeigt, daß bei dieser Verbindung eine Verknüpfung von Molekülen dadurch möglich wird, daß die Aminogruppe und die Carboxylgruppe benachbarter Moleküle in Reaktion treten. Auch hier sind fadenförmige Makromoleküle das Ergebnis:

$$H_2N\text{—}(CH_2)_5\text{—}COOH + H_2N\text{—}(CH_2)_5\text{—}COOH + H_2N\text{—}(CH_2)_5\text{—}COOH + \ldots$$
$$\downarrow \; -H_2O$$
$$H_2N\text{—}(CH_2)_5\text{—}CO\text{—}HN\text{—}(CH_2)_5\text{—}CO\text{—}HN\text{—}(CH_2)_5\text{—}CO\text{—}\ldots$$

Beachte auch hier die Ähnlichkeit mit einem Eiweißfaden! Nylon und Perlon weichen in ihren Eigenschaften wenig voneinander ab. Die Fasern sind sehr reißfest, ziemlich elastisch, haben ein geringes Gewicht und sind widerstandsfähig gegen Umwelteinflüsse.

Durch Polykondensation entstehen jedoch nicht nur Fasern der verschiedensten Art, sondern auch kompakte Massen bei geeigneten Rohmaterialien. Als Beispiel seien die *Aminoplaste* genannt: Formaldehyd (Methanal) und Harnstoff treten zu harzigen Produkten zusammen, die sich durch Erhitzen härten lassen. Auch hier wird Wasser abgespalten; es liegt also eine Polykondensation vor:

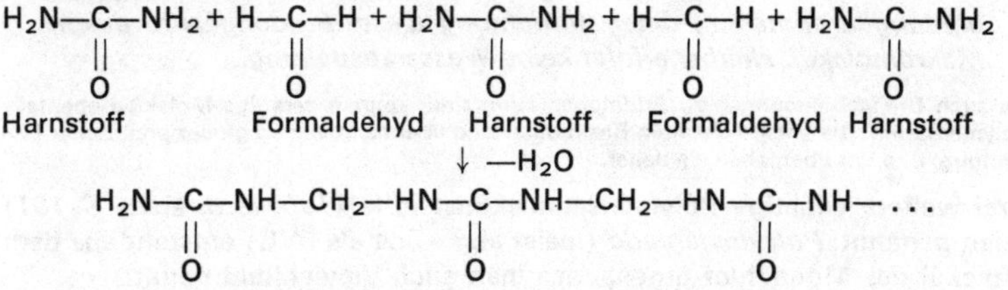

Nach diesem Schema könnte der Eindruck entstehen, als bildeten sich auch hier nur fadenförmige Makromoleküle. Dies ist aber nicht der Fall. In Wirklichkeit treten auch Harnstoffmoleküle, die über und unter der Papierebene zu denken sind, durch ihre Wasserstoffatome in Reaktion mit dem Sauerstoff des Formaldehyds, so daß sich netzförmige Kunststoffmassen ergeben. Die Wiedergabe im Formelbild ist nicht sehr übersichtlich, so daß wir darauf verzichten. Es kommt uns darauf an zu zeigen, daß die Aminoplaste ebenfalls Kunststoffe auf der Basis der Polykondensation sind. In Formen gespritzt (Spritzguß) und gehärtet, werden die Aminoplaste zu Gebrauchsgegenständen verarbeitet. Ungehärtet kann man Klebstoffe und Lacke gewinnen.

Polymerisation

Für das Verständnis der Polymerisation ist es wichtig, sich an die Eigenschaften der Alkene (Kohlenwasserstoffe, siehe *S. 12–26*) zu erinnern. Äthen als Beispiel für eine Verbindung dieser homologen Reihe enthält im Molekül eine Doppelbindung. Diese neigt dazu, sich »aufzurichten«, das heißt in eine Einfachbindung überzugehen, wobei eine Anlagerung (Addition) eintritt. Wir hatten einen solchen Fall bei der Addition von Brom an Äthen kennengelernt (Entfärbung von Bromwasser):

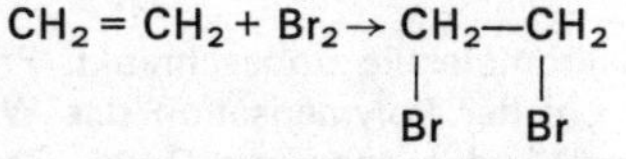
(1,2-Dibrom-äthan)

Eine Doppelbindung kann sich aber auch dadurch »aufrichten«, daß ein anderes Molekül statt Brom angelagert wird. Wir haben das Beispiel des Wasserstoffs bereits früher erwähnt (Hydrierung, siehe *S.* 19). Für die Polymerisation und damit für die Kunststoffchemie ist sehr wichtig, daß selbst gleichartige Moleküle addierbar sind: Äthen addiert Äthen. Tritt eine solche Addition in einer Kettenreaktion auf, so entstehen Makromoleküle:

$$CH_2=CH_2 + CH_2=CH_2 + CH_2=CH_2 + CH_2=CH_2 + \ldots$$

$$\downarrow$$

$$—CH_2—CH_2—CH_2—CH_2—CH_2—CH_2—CH_2—CH_2— \ldots$$

Der Kunststoff, der sich im vorliegenden Fall bildet, heißt *Polyäthylen (Polyäthen)*. Wir können seine Formel allgemein $(—CH_2—CH_2—)_n$ schreiben, wobei »n« wiederum eine nicht genau feststellbare Zahl ist. Man beachte, daß bei der Bildung von Polyäthylen kein Wasser abgespalten wird, wie dies bei der Polykondensation der Fall ist.

> ***Bei einer Polymerisation vereinigen sich viele Moleküle, die Doppelbindungen enthalten, unter Aufrichtung dieser Bindungen zu einem Makromolekül. Hierbei erfolgt keine Wasserabspaltung.***

Da auch Dreifachbindungen zu Additionen fähig sind, können derartige Moleküle ebenfalls polymerisieren. Die entsprechenden Reaktionen sind aber nicht von so großer praktischer Bedeutung, und wir übergehen sie daher.

Drei weitere wichtige Polymerisationskunststoffe (*Tabelle 8*, siehe *S. 101*) seien genannt. *Polyvinylchlorid* (meist abgekürzt als PVC) entsteht aus dem Molekül des Monochlor-äthens, das man auch Vinylchlorid nennt:

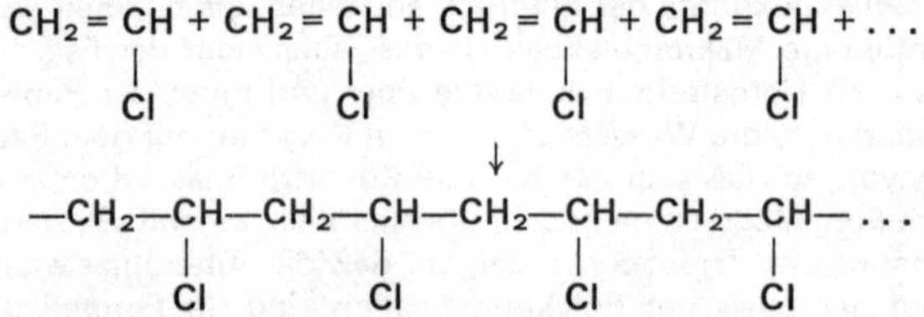

Polyvinylchlorid ist demnach $(—CH_2—CHCl—)_n$. Polymerisation ist auch dann möglich, wenn das Chloratom im Molekül des Polyvinylchlorids durch andere Atome oder Atomgruppen ersetzt wird.

Polystyrol geht vom Ausgangsmaterial Styrol aus:

$$CH_2{=}CH—C_6H_5$$

Die Formel des Kunststoffs ist dann:

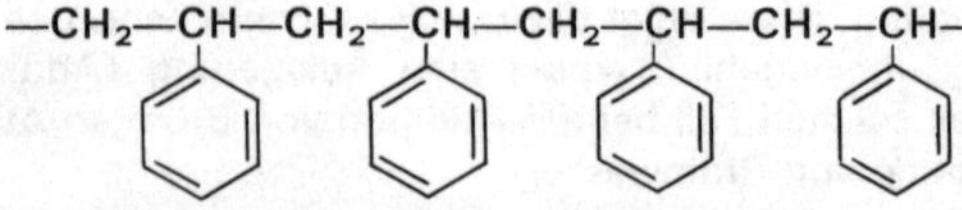

Theoretisch ist die Größe solcher Makromoleküle unbeschränkt. Praktisch läßt sich jedoch durch die Einflüsse bei der Polymerisation das Wachsen des Makromoleküls weitgehend lenken. Änderungen von Druck, Temperatur und Katalysatoren führen mehr oder weniger schnell zur Beendigung der Ketten- oder Netzbildung.

Der dritte sehr bekannte Kunststoff ist das *Plexiglas*. Die Bezeichnung ist ein Markenname für *Polymethacrylsäureester*. Wir wollen diese verhältnismäßig kompliziert erscheinende Verbindung als Beispiel dafür benutzen, wie man einen chemischen Namen »entschlüsselt«. Das Kernstück des Namens bezieht sich auf die Acrylsäure, deren Formel lautet:

$$CH_2{=}CH—COOH$$

Es handelt sich also um eine »ungesättigte« Säure, um eine Propionsäure, der zwei Wasserstoffatome fehlen und die daher eine Doppelbindung aufweist. Die Doppelbindung macht das Molekül schon als solches einer Addition zugänglich. Die Bezeichnung *Methacrylsäure* ist die Abkürzung für *Methylacrylsäure*, genauer *1-Methyl-acrylsäure:*

$$\begin{array}{l}CH_2{=}\,C{-}COOH\\ \qquad\;\;|\\ \qquad\;CH_3\end{array}$$

Man versteht, wie wichtig eine genaue Benennung chemischer Verbindungen ist. Im vorliegenden Fall könnte nämlich die Methylgruppe auch am zweiten Kohlenstoffatom stehen. Wir hätten dann eine 2-Methyl-acrylsäure vor uns, wenngleich diese Bezeichnung nicht gebräuchlich ist. Aus dem einfachen Namen Methyl-acrylsäure ist die Stellung nicht zu entnehmen. Je mehr Ziffern demnach in einer Bezeichnung auftauchen, desto genauer kann der Chemiker die Formel aufstellen. Nur für den Laien wird der Name komplizierter!

Methacrylsäureester sind Verbindungen, bei denen die Carboxylgruppe mit einem Alkohol verestert ist. Nehmen wir an, es handle sich um Äthanol, so liegt der Methacrylsäureäthylester vor:

$$\begin{array}{l}CH_2{=}\,C{-}COOC_2H_5\\ \qquad\;\;|\\ \qquad\;CH_3\end{array}$$

Jetzt läßt sich die Bezeichnung *Polymethacrylsäureester* verstehen:

$$\left[\begin{array}{c}\quad COOC_2H_5\\ |\\ {-}CH_2{-}C{-}\\ |\\ CH_3\end{array}\right]_n$$

Wir erkennen aber gleichzeitig, daß der doch immerhin recht kompliziert erscheinende Name Polymethacrylsäureester vom Standpunkt der Chemie aus nicht vollständig ist. Er müßte genauer *Poly-1-methyl-acrylsäureäthylester* heißen. Nur unter der Voraussetzung voller Namensnennung kann der Chemiker die Strukturformel entwerfen!
Da Plexiglas vollkommen durchsichtig und zugleich splittersicher und biegsam ist, hat dieser Kunststoff auf vielen Gebieten das Glas verdrängt.

Ganz allgemein haben Kunststoffe in den letzten Jahrzehnten viele der herkömmlichen Werkstoffe verdrängt. Sie sind keinesfalls Ersatz, sondern oft anpassungsfähigere und zweckmäßigere Substanzen als Metall, Glas oder Porzellan. Synthetischer Gummi (»Buna«) tritt an die Stelle des Naturkautschuks, der aus dem Milchsaft tropischer Bäume gewonnen wird. Meist werden im Handel Firmennamen benutzt, die die chemische Zusammensetzung nicht erkennen lassen (*Beispiel:* Hostalit und Mipolam enthalten beide Polyvinylchlorid). Die Erzeugung von Kunststoffen steigt laufend. Als Rohstoffe haben Erdöl und Erdgas auch in diesem Sektor die Kohle abgelöst. Auf lange Sicht erscheint es daher unzweckmäßig, Öl und Gas zu verbrennen. Man sollte die wertvollen Ausgangsprodukte der chemischen Veredelung zuführen. Petrochemie nennt man jenen Zweig der Chemie, der sich damit befaßt.

Aufgaben:

1. Welche der in *Tabelle 8* genannten Kunststoffe sind durch Polykondensation, welche durch Polymerisation zu gewinnen?
2. Welche Formel hat Acrylsäuremethylester?

Wirkstoffe des Organismus

Was wir als Leben bezeichnen, stellt – chemisch gesehen – ein außerordentlich mannigfaltiges Ineinandergreifen von Stoffwechselvorgängen dar. Diese Vorgänge müssen sinnvoll aufeinander abgestimmt sein. Substanzen, die jene Reaktionen lenken und koordinieren, nennt man *Wirkstoffe*. Es handelt sich dabei um lebensnotwendige chemische Verbindungen, die in den Organismen in sehr geringer Menge vorkommen und im Vergleich zu ihrer geringen Konzentration einen auffallend großen Effekt erzielen. Man unterscheidet drei Wirkstoffgruppen: *Enzyme* (auch Fermente genannt), *Hormone* und *Vitamine*. Die beiden ersten erzeugt der Körper selbst, während Vitamine bei Tieren und Menschen stets mit der Nahrung zugeführt werden müssen. Wegen der großen Wirksamkeit relativ kleiner Mengen spricht man mitunter von *Biokatalysatoren*.

Enzyme

Unter *Enzymen* oder *Fermenten* versteht man Wirkstoffe, die im Organismus selbst gebildet werden, in ihrem Aufbau den Eiweißstoffen nahestehen und ganz bestimmte chemische Reaktionen beeinflussen. Wir haben bereits eine große Zahl von Enzymen kennengelernt, zum Beispiel Trypsin, Lipase, Diastase oder Maltase. Sie lenkten den Abbau der Nahrungsstoffe bei der Verdauung. Es gibt aber auch viele Enzyme, die ihre Wirksamkeit im Innern der Zellen, nicht im Darm entfalten. Da in einem Organismus viele Tausende von Reaktionen ablaufen, muß man auch viele Tausende von Enzymen annehmen, von denen nur ein kleiner Teil bis heute bekannt ist. Für die am längsten untersuchten Enzyme hat man ziemlich willkürliche Namen geprägt, die auf die Vorgänge, die sie katalysieren, keine Rückschlüsse erlauben. So sagen etwa die Bezeichnungen Trypsin oder Pepsin wenig aus. Heute bemüht man sich, schon bei der Benennung der Enzyme auf die Wirkungsweise anzuspielen. So spaltet die Maltase den Malzzucker (Maltose), und Urease zerlegt den Harnstoff (Urea). Die Endung *-ase* dient somit als Kennzeichen für korrekte Enzymbenennungen. Sie gibt an, welche Substanz von den Enzymen angegriffen wird. Manche haben ganz spezifische Wirkungen, das heißt: sie richten sich nur auf ganz bestimmte Vorgänge. Andere wiederum haben ein weiter gefächertes Einflußgebiet. Mitunter hat man Enzymgemischen, die sich nur schwer trennen lassen, einen einzigen Namen gegeben. So heißt zum Beispiel das Enzymgemisch, das in Hefezellen vorkommt, Zymase. Es spaltet sowohl Stärke in Zucker wie Zucker in Alkohol und Kohlendioxid.

Enzyme unterscheiden sich von den meisten anorganischen Katalysatoren dadurch, daß sie nur innerhalb eines engen Temperaturbereichs wirksam sind. Meist liegt dieser Bereich zwischen 20 und 40° C. Stärkeres Erhitzen inaktiviert die Enzyme. Schon oberhalb von 70° C erlischt praktisch die

Wirkung. Auch gegenüber Veränderungen des pH-Wertes reagieren Enzyme sehr empfindlich: Abweichungen nach der alkalischen oder sauren Seite führen zur Minderung der Aktivität. Wir haben bei den Verdauungsfermenten bereits darauf hingewiesen: Pepsin wirkt nur im sauren Magensaft, nicht dagegen im alkalischen Darmbereich. Bei Trypsin, Lipase und Diastase liegen die Verhältnisse umgekehrt. Enzyme sind auch empfindlich gegen »Vergiftung«. Man will damit sagen, daß geringfügige Verunreinigungen in der Umgebung des Enzyms dessen Inaktivierung zur Folge haben. Beispielsweise können kleine Mengen eines Planzenschutzmittels im tierischen oder menschlichen Körper bestimmte Enzyme blockieren und damit tödlich wirken.

Aufgaben: 1. Was sind Esterasen? Was sind Peptidasen?
2. Nenne Beispiele dafür, daß Enzyme auch außerhalb eines Organismus wirken!

Hormone

Hormone werden wie die Enzyme im Körper gebildet. Sie entstehen in meist nur sehr geringen Mengen in bestimmten Drüsen und werden von dort ins Blut abgegeben. Diese sogenannten innersekretorischen Drüsen haben nämlich keine Ausführgänge; das unterscheidet sie von vielen enzymproduzierenden Drüsen wie der Bauchspeicheldrüse. Sind die Hormone ins Blut gelangt, so wandern sie im ganzen Körper umher und kommen erst an bestimmten Stellen zur Wirkung. Man hat sie aus diesem Grund auch mit dem deutschen Namen *Botenstoffe* charakterisiert; die Bezeichnung hat sich allerdings nicht eingebürgert. Als Beispiel für ein Hormon kann das Sekret der Schilddrüse dienen. Die Schilddrüse liegt am Hals in der Nähe des Kehlkopfes und produziert eine organische, jodhaltige Verbindung, die als *Schilddrüsenhormon (Thyroxin)* bezeichnet werden muß. Gelangt diese ins Blut, so regelt sie die im Körper ablaufenden energieerzeugenden Vorgänge. Eine zu reichliche Produktion der Schilddrüse führt zu Temperaturerhöhung, Erregung und allgemeiner Abmagerung wegen zu starker »Verbrennung« der Nahrungsstoffe. Wird zu wenig Schilddrüsenhormon erzeugt, so wird der Mensch träge und teilnahmslos, und sein Körpergewicht steigt, da der Organismus die zugeführte Nahrung in den Baustoffwechsel übernimmt. Bemerkenswert ist hierbei, daß schon Bruchteile von Milligramm-Mengen wirken; man ersieht hieraus, wie fein das Gleichgewicht in allen Lebensprozessen eingestellt wird.
Die wichtigsten Hormone werden von der Hirnanhangdrüse (Hypophyse), der Schilddrüse, der Thymusdrüse, der Nebenniere, der Bauchspeicheldrüse und den Keimdrüsen erzeugt *(Tabelle 9)*. Eine Reihe von anderen Hormondrüsen kennt man in ihrer Wirkungsweise nur unvollkommen. Selbstverständlich gibt es im Tierreich noch viele andere Hormone, die beim Menschen nicht vorkommen. So wird zum Beispiel die Häutung der Larven von Insekten hormonal gesteuert, wie auch für die Verpuppung ein spezielles Hormon zuständig ist. Wir wollen einige der wichtigsten menschlichen Botenstoffe in ihrer Wirkung kennenlernen.

Die *Hirnanhangdrüse*, meist *Hypophyse* genannt, liegt als etwa erbsengroßes Gebilde an der Unterseite des Gehirns über dem Gaumen. Hier wird nicht nur ein einziges Hormon erzeugt; die Hypophyse ist vielmehr eine innersekretorische Drüse mit sehr verschiedenen Aufgaben. Mehr als ein halbes Dutzend Hormone gelangen von dort aus ins Blut und beeinflussen Wachstum, Geschlechtsfunktion und Blutdruck. *Man kann sagen, daß die Hypophyse eine übergeordnete Stellung einnimmt, denn ihre Hormone regeln zum Teil das Geschehen, das sich in anderen Drüsen mit innerer Sekretion abspielt.* So steuert sie bis zu einem gewissen Grad die Tätigkeit der schon erwähnten Schilddrüse.

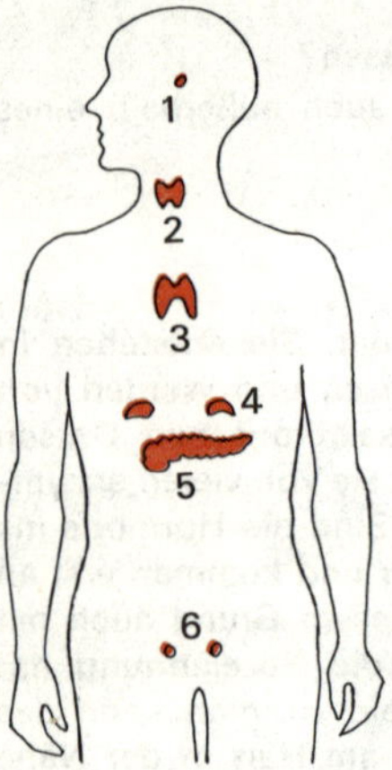

Die *Thymusdrüse* liegt in der Brusthöhle unterhalb des Brustbeins. Man findet sie allerdings nur bei Kindern. Schon bei Jugendlichen bildet sie sich zurück und verschwindet beim Erwachsenen ganz. *Ihre Hormonproduktion scheint die Ausbildung der Geschlechtsorgane zu hemmen, denn mit der Degeneration der Thymusdrüse beginnt die sexuelle Entwicklung des Menschen. Sie beeinflußt aber auch das Immunwerden des Körpers gegen manche Krankheiten.* Über die chemische Beschaffenheit der Hormone ist noch wenig bekannt.

Die *Nebennieren* sitzen als kappenförmige Gebilde den Nieren auf. Sie produzieren mehrere Hormone, von denen das *Cortison* und das *Adrenalin* am bekanntesten sind. *Cortison beeinflußt den Salzhaushalt des Körpers, während Adrenalin den Blutdruck regelt und den Übergang von Glykogen (Leberstärke) in Zucker herbeiführt.* Vor allem in Schreck-

Tabelle 9: Einige Hormone unseres Körpers

Drüse	Hormon(e)	Wirkung(en)
1 Hypophyse	Verschiedene Hypophysenhormone	Wachstum, Ausbildung des Geschlechts, Regelung des Blutdrucks; Beeinflussung anderer Hormondrüsen
2 Schilddrüse	Thyroxin	Regelung der Energieerzeugung im Körper
3 Thymusdrüse	Nicht genau bekannt	Hemmung der Geschlechtsentwicklung; Einfluß auf die Immunisierung
4 Nebennieren	Cortison; Adrenalin	Regelung des Salzhaushalts; Einfluß auf Blutdruck und Glykogenspaltung
5 Bauchspeicheldrüse	Insulin; Glukagon	Einfluß auf Glykogenbildung aus Traubenzucker; Einfluß auf Glykogenspaltung in Traubenzucker
6 Keimdrüsen	Testosteron; Östradiol	Ausbildung der Geschlechtsmerkmale

situationen wird eine bestimmte Menge Adrenalin ins Blut abgegeben, die den Körper auf dem schnellsten Wege mit dem leistungssteigernden Monosaccharid Traubenzucker versorgt. Man sieht also, daß das Hormonsystem eng mit dem Nervensystem verbunden ist, denn die Schrecksituation muß der Nebenniere ja durch die Nerven »gemeldet« werden.

Die *Bauchspeicheldrüse* haben wir bei der Betrachtung der Verdauungsvorgänge bereits erwähnt. *Sie erzeugt nämlich einerseits Enzyme, die in den Zwölffingerdarm abgeschieden werden und dort für die Zerlegung der Nahrungsstoffe sorgen, andererseits aber auch Hormone.* Bekannt ist das Hormon *Insulin.* Dieser *chemisch gut bekannte Eiweißstoff gelangt ins Blut und veranlaßt die Leber zum Aufbau von Glykogen aus dem Traubenzucker, den die Darmzellen aufgenommen haben.* Fehlt Insulin, so bleibt der Traubenzucker im Blut, sammelt sich dort an und kann von den Nieren ausgeschieden werden: Zuckerkrankheit ist die Folge. Man verhindert diese Ausscheidung dadurch, daß man dem Patienten Insulin ins Blut einspritzt. Dann nimmt die Leber ihre normale Funktion wieder auf und speichert den Zucker in Form von Glykogen. *Insulin ist eines der wenigen Hormone, die man heute bereits synthetisch herstellen kann.* In der Praxis gewinnt man die Substanz allerdings noch aus den Bauchspeicheldrüsen von Schlachttieren. *Bemerkenswert ist, daß die Bauchspeicheldrüse gleichzeitig noch ein anderes Hormon produziert, das man als Gegenspieler des Insulins betrachten muß: Glukagon veranlaßt die Speicherung von Traubenzucker als Glykogen in der Leber, bewirkt also das gleiche wie Adrenalin.* Hieraus kann man ersehen, wie fein dosiert die Vorgänge im Organismus ablaufen! Zugleich scheint diese »Doppelsteuerung« auch eine Sicherung gegen den Ausfall eines Hormons darzustellen.

Keimdrüsen sind die *Hoden* beim Mann und die *Eierstöcke* bei der Frau. *Neben der Erzeugung von Keimzellen haben sie die Aufgabe, geschlechtswirksame Hormone zu produzieren.* Von diesen sind das *Testosteron* beim Mann und das *Östradiol* bei der Frau am bekanntesten. Allerdings ist das Wechselspiel dieser Wirkstoffe untereinander sehr kompliziert und auch bis heute nicht in Einzelheiten durchschaubar.

Vom chemischen Standpunkt aus gibt es kaum gemeinsame Eigenschaften der Hormone. Sie können den verschiedensten Stoffklassen angehören. Enzyme waren dagegen stets mit Eiweißstoffen verwandt. Eines der einfachsten Hormone ist das Adrenalin, dessen Formel angegeben sei:

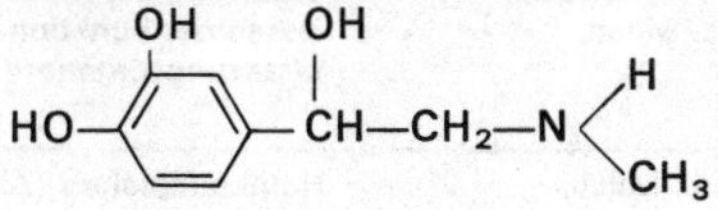

Adrenalin

Aufgaben:

1. Worin liegt der Unterschied zwischen Enzymen und Hormonen?
2. Unterscheide Glykogen von Glukagon!
3. Tierische Hormone haben mitunter beim Menschen die gleiche Wirkung. Nenne ein Beispiel hierfür!

Vitamine

Auf die Vitamine sind wir bereits bei der Besprechung der Nahrungsstoffe gestoßen. Im Gegensatz zu den Nahrungsstoffen dienen diese sogenannten Zusatzstoffe (Wasser, Salze, Vitamine) nicht der Energie- und Baustoffversorgung des Körpers. *Sie sind vielmehr notwendig, um dem Organismus den geordneten Ablauf der Stoffwechselvorgänge zu gestatten.* Bei den Vitaminen ist auffällig, daß sie in kleinsten Mengen *(Tabelle 10)* wirksam sind.

Tabelle 10: Vitamine

Bezeichnung	Vorkommen	Tagesdosis	Mangelerscheinungen
A Provitamin: Karotin	Lebertran, Eier, Milch, Salat, Tomaten, frisches Fleisch, Butter, Käse	3–5 mg	Gewichtsabnahme, Hauterkrankungen, Nachtblindheit, Blasensteine
B_1	Hefe, Reiskleie, Kartoffeln, Eigelb, Tomaten, Gemüse, Haselnüsse, Leber, Niere	1–2 mg	Beriberi, Gewichtsabnahme, Veränderung im Kohlenhydratstoffwechsel, Neuralgien
B_2	Milch, Leber, Hefe, grüne Blätter	2–4 mg	Pellagra, Wachstums- und Sehstörungen
Pantothensäure	Leber, Niere, Herz, Hefe, Milch		Wachstumsstörungen, frühzeitiges Altern
Folsäure	Grüne Blätter		Bildung der roten Blutkörperchen gehemmt
B_{12}	Leber, Mikroorganismen, Schweinefleisch, Eier, Fisch		Erkrankung des roten Knochenmarks
P.P	Hefe, Weizen, Vollkornbrot, Fleisch	50–100 mg	Pellagra
C L-Askorbinsäure	frische Früchte (Citrus), Gemüse, Hagebutten	75–150 mg	Skorbut, Wachstumsstörungen, Frühjahrsmüdigkeit, Zahnfäule
D aus Ergosterin	Leber, Lebertran, Eigelb, Milch, Butter, Hefe, Getreidekeime		Rachitis, Störungen des Ca-P-Stoffwechsels
E	Spinat, Tomaten, Kartoffeln, Weizenkeimlinge, Milch, Butter		Entartung der Muskulatur, Nachlassen der Funktion der Fortpflanzungsorgane
H	Leber, Hefe, Niere, Milch, Kartoffeln		Hautkrankheiten (Akne), Haarausfall
K	Schweinsleber, Spinat, Grünkohl, Tomaten, Yoghurt	2 mg	Schlechte Blutgerinnung, da die Bildung des Prothrombins verhindert wird
P	Paprika, Obst, Zitronen		Verschlechtert die Durchlässigkeit der Gefäße

Offenbar spielen sie zum Teil eine Rolle beim chemischen Aufbau der Enzyme. So weiß man zum Beispiel, daß Vitamin B_2 als Bestandteil von Atmungsfermenten vorkommt. Für die Abgrenzung der Vitamine gegen die übrigen Wirkstoffe (Enzyme, Hormone) ist wichtig, daß sie stets mit der Nahrung in den Organismus aufgenommen werden; der Körper kann sie nicht selbst erzeugen.

Aus diesem Grund ist es möglich, daß eine Substanz für das eine Lebewesen ein Vitamin ist, für das andere aber nicht. Wir Menschen brauchen zum Beispiel unbedingt Vitamin C und müssen täglich 75 bis 150 Milligramm davon mit den Speisen aufnehmen (vitaminreiche Kost!). Die Ratten sind hingegen in der Lage, sich Vitamin C selbst aufzubauen. Sie brauchen die Zufuhr von außen nicht. Für sie ist deshalb die Substanz kein Vitamin.

Heilwirkung bei	Verhalten gegen Hitze
Infektionskrankheiten, da die Widerstandsfähigkeit erhöht wird	beständig
Ermüdungserscheinungen, Nervenentzündung	wird über 100 °C zerstört
schlechter Gewebeatmung	beständig
Anämie	
perniziöser Anämie	
Darm- und Haut-erkrankungen	beständig
Zahnfleischblutungen, Schwächezuständen, Infektionskrankheiten	sehr empfindlich
englischer Krankheit, Skrofulose, Hauttuberkulose	beständig
Unfruchtbarkeit, Muskelschwund, Lähmungen, Herz-, Kreislauf- und Stoffwechselstörungen	
	beständig
	beständig
Arteriosklerose, Erkältungen (mit C gemeinsam)	

Fehlen dem Körper bestimmte Vitamine, so treten Mangelerscheinungen auf. Viele von ihnen sind seit dem Altertum bekannt, doch ist man erst sehr spät zu der Erkenntnis gekommen, daß es sich um Fehlernährungen handelt. So litten die Seeleute auf langen Reisen von jeher an Skorbut, wenn keine frische Nahrung auf den Schiffen zur Verfügung stand. Erst im vorigen Jahrhundert stellte man fest, daß Zufuhr von frischem Obst und Gemüse die Symptome sofort verschwinden läßt. Bis zur Isolierung der chemischen Substanz Vitamin C war allerdings noch ein weiter Weg zurückzulegen.

Die Einnahme sehr großer Mengen von Vitamin C hat keine nachteiligen Folgen, da die Substanz bei uns im Körper abgebaut wird. Andere Vitamine darf man jedoch nicht überdosieren, da hierdurch ebenfalls Schäden auftreten können (Vitamin D). Im allgemeinen enthält unsere Nahrung ausreichende Mengen von Vitaminen, so daß keine Gefahr einer Mangelerkrankung besteht. Allerdings sollte man auf möglichst abwechslungsreiche Kost achten, um einseitige Zufuhr zu vermeiden. *Tabelle 11* gibt den Vitamingehalt einiger tierischer und pflanzlicher Lebensmittel an.

Die Vitamine lassen sich ebensowenig wie die Hormone in irgendeine

	VITAMIN	A	B_1	B_2	B_{12}	C	D	E	H	K
pflanzliche Produkte	Weißbrot	kein	wenig	kein	kein	kein	kein	kein	kein	kein
	Vollkornbrot	wenig	viel	viel	kein	kein	wenig	wenig	kein	kein
	Hülsenfrüchte	wenig	viel	kein	kein	mittelmäß.	kein	wenig	kein	kein
	Kartoffeln	kein	mittelmäß.	kein	kein	viel	kein	kein	mittelmäß.	mittelmäß.
	Möhren	viel	mittelmäß.	kein	kein	mittelmäß.	kein	wenig	kein	wenig
	Grünkohl	viel	viel	kein	kein	viel	kein	wenig	kein	viel
	Spinat, Salat	viel	viel	kein	kein	viel	kein	wenig	kein	viel
	Sauerkraut	kein	viel	kein	kein	wenig	kein	kein	kein	kein
	Äpfel, Birnen	kein	wenig	kein	kein	mittelmäß.	kein	wenig	kein	wenig
	Tomaten	mittelmäß.	viel	kein	kein	viel	kein	wenig	mittelmäß.	mittelmäß.
	Orangen	wenig	mittelmäß.	kein	kein	viel	kein	wenig	kein	kein
	Zitronen	wenig	mittelmäß.	kein	kein	viel	kein	kein	kein	kein
tierische Produkte	Vollmilch	viel	kein	viel	mittelmäß.	wenig	wenig	wenig	wenig	kein
	Butter	viel	kein	wenig	wenig	kein	wenig	wenig	kein	kein
	Käse	mittelmäß.	kein	wenig	wenig	wenig	kein	wenig	wenig	kein
	Ei	viel	kein	viel	kein	kein	viel	mittelmäß.	kein	kein
	Leberwurst, Leber	viel	kein	viel	viel	kein	kein	wenig	mittelmäß.	kein
	Rindfleisch mager	wenig	kein	wenig	wenig	wenig	kein	wenig	kein	kein
	Schweinefl. mager	wenig	kein	wenig	wenig	wenig	kein	wenig	kein	kein
	Schellfisch, Kabeljau	wenig	kein	wenig	kein	wenig	kein	wenig	kein	kein
	Hering	kein	kein	wenig	kein	wenig	wenig	kein	kein	kein
	Cervelatwurst	wenig	kein	wenig	wenig	kein	kein	kein	kein	kein
	Speck gesalzen	kein	kein	kein	kein	kein	kein	kein	kein	kein
	Schweineschmalz	wenig	kein	kein	kein	kein	kein	wenig	kein	kein

viel Vitamingehalt | mittelmäß. Vitamingehalt | wenig Vitamingehalt | kein Vitamingehalt

Tabelle 11: **Vitamingehalt von Nahrungsmitteln**

chemische Verwandtschaftsgruppe einordnen. Ihr Molekülaufbau ist recht verschieden und zum Teil ziemlich kompliziert. Dieser unterschiedliche Aufbau spricht dafür, daß auch die Funktionen der Vitamine im Stoffwechselge-

schehen des Körpers sehr mannigfaltig sein dürften. Nur in wenigen Fällen wissen wir aber Konkretes über das Schicksal der mit der Nahrung aufgenommenen Vitamine im Organismus.
Tabelle 10 vermittelt eine Übersicht über die wichtigsten Eigenschaften der für den Menschen bedeutungsvollen Vitamine.

Enzyme und Hormone sind Wirkstoffe, die im Körper erzeugt werden. Vitamine muß man mit der Nahrung aufnehmen. Erst ihr Zusammenwirken im Organismus gewährleistet einen geordneten Ablauf der Lebensvorgänge.

Aufgaben:
1. Warum soll man Gemüse nicht zu lange kochen *(Tabelle 10: Vitamin C)*?
2. Welche Vitamine kommen in der Milch vor?
3. Welche Vitamine sind besonders reichlich in pflanzlichen Produkten enthalten *(Tabelle 11)*?

Geschichte der Chemie

Die geschichtliche Betrachtung einzelner Wissenschaftsgebiete wird häufig nicht als Aufgabe einer Einführung angesehen. Erst recht meint man, im Rahmen berufskundlicher Lehrgänge hierauf verzichten zu können. Wir teilen diese Ansicht nicht. Hierfür sind zwei Gründe ausschlaggebend. Einmal ist jeder historische Überblick in hervorragender Weise dazu geeignet, den Horizont des Lernenden zu erweitern: Die Verknüpfung wissenschaftlicher Tatsachen, die oft recht speziell sind, mit Begebenheiten, die in ganz anderem Zusammenhang sich dem Gedächtnis eingeprägt haben, erscheint uns im echten Sinne *allgemeinbildend*. Der Leser wird daher in den folgenden Abschnitten immer wieder Hinweise auf geschichtliche Daten finden, die mit der Chemie selbst nicht unmittelbar verknüpft sind. Diese Angaben sollen helfen, die wissenschaftlichen Fakten in ein schon vorhandenes Bild der historischen Abläufe einzuordnen. Der zweite Grund, der eine Beschäftigung mit der Geschichte der Chemie nahelegt, darf vor allem bei einer berufskundlichen Darstellung nicht übersehen werden: Chemie ist eine Wissenschaft, die aus dem *Handwerklichen* geboren wurde. Es ist gerade für den Praktiker äußerst wichtig zu wissen, daß die Theorie, wie sie heute alle Teile der Naturwissenschaft beherrscht, nicht von Anfang an gegeben war, sondern daß sie mit den Kenntnissen, die die Praxis lieferte, gewachsen ist. Man kann ferner aus historischen Betrachtungen lernen, daß eine Theorie sich mit diesen Grundlagen wandeln kann, ja wandeln muß. Auf der Basis experimenteller Arbeit gedeiht die übergreifende Deutung, die Theorie.
Verständlicherweise schließt sich eine Geschichte der Chemie an die Behandlung der heute gültigen Lehren an. Es wäre verfehlt, sie an den Anfang zu stellen oder auch nur in den Gang der Darstellung einbauen zu wollen. Dort würde sie stören. Erst die Kenntnis moderner Anschauungen setzt den Lernenden in die Lage, die Wege zu verstehen, die in die Gegenwart führen.

Kenntnisse der Vorzeit

Die Tätigkeit des frühen Menschen wird stets im Dunkel der Vergangenheit bleiben. Dennoch können wir allein schon aus der Tatsache seiner Existenz schließen, daß er den Kampf mit seiner Umgebung erfolgreich bestanden hat, und dies war wiederum die Folge einer überlegenen Haltung gegenüber den Dingen, mit denen er sich auseinanderzusetzen hatte. Schon sehr früh lernte er das *Feuer* beherrschen. Werkzeuge aus Stein, Horn und Knochen wurden ihm zugänglich. Die *Jagd* und das *Sammeln von Nahrung* bildeten seine Lebensaufgabe. Dadurch konnte er sich mit Fellen kleiden, die er in roher Weise *gerben* mußte, und die Pflanzen teilte er in genießbare, ungenießbare und giftige ein. Gewiß wird man auf dieser Stufe noch nicht von echten chemischen Kenntnissen sprechen können, aber wenn man die Erforschung

der Eigenschaften aller Stoffe zu den Aufgaben unserer Wissenschaft rechnet – wie wir dies im anorganischen Teil getan haben –, so betrieb auch schon der Steinzeit-Mensch oder der Neandertaler vor Jahrhunderttausenden Chemie. Der Unterschied gegenüber einer modernen Genuß- oder Heilmittelforschung besteht dann eigentlich nur darin, daß man früher das Augenmerk allein auf die Wirkung der Stoffe richtete, heute aber auch an der Wirkungsweise interessiert ist.
In der jüngeren Steinzeit (vor etwa 10000 bis 20000 Jahren) betätigte sich der Mensch bereits künstlerisch. Hiervon legen die Malereien in den französischen und spanischen Höhlen Zeugnis ab. Weißer Kalk, schwarze Holzkohle und rötlicher Ocker waren die häufigsten *Farbmittel*.
Zu jener Zeit mag auch schon die Bereitung von Alkohol durch *Gärung* bekanntgewesen sein, obwohl exakte Nachweise fehlen. Kennt man aber den Alkohol, so ist das Oxidationsprodukt, der Essig, zugänglich. *Salz* lieferte das Meer. *Ton* und *Lehm* wurden zu Töpferwaren und Ziegeln verarbeitet. Edle Metalle wie Gold oder Silber, die in der Natur gediegen vorkommen, sind von jeher dem menschlichen Bedürfnis, sich zu schmücken, entgegengekommen.

Das Kennenlernen der Eigenschaften von Naturstoffen steht am Anfang menschlicher Tätigkeit. Damit haben sich unsere Vorfahren die Voraussetzungen für handwerkliche Fähigkeiten und für eine spätere chemische Betrachtung ihrer Umgebung geschaffen.

Chemie des Altertums

Die Fortschritte, die zu Beginn der geschichtlichen Zeit erreicht wurden, waren zum Teil erheblich. Merkwürdigerweise verteilte sich dieser Zuwachs an Erfahrung und Wissen recht ungleich auf die einzelnen Kulturgebiete. Während der *Vordere Orient* und *Nordafrika* wichtige praktische Erkenntnisse gewannen, dominierte im östlichen Mittelmeer die naturwissenschaftliche Philosophie der *Griechen*. Die Römer trugen erstaunlich wenig zum Gebäude der Chemie bei. Was in den übrigen Weltteilen – zum Beispiel China – geschah, entzieht sich weitgehend unserer Forschung.

Die Ägypter

Über die Ägypter sind wir durch die Pyramiden- und Gräberfunde am besten informiert. Schon um 3500 vor Christus stellten sie durch *Reduktion von Malachit* das Metall *Kupfer* her. Auch Blei war um diese Zeit bekannt. Die ersten Eisengegenstände stammen aus Pyramiden, und um 2000 vor Christus ist im südlichen Mittelmeer die Verwendung dieses Metalls üblich.

Wir setzen in Mitteleuropa den Übergang von der Stein- zur Bronzezeit um 2000 vor Christus, den Übergang von der Bronze- zur Eisenzeit um 800 vor Christus an. Im Süden vollzog sich die Wandlung viel früher, weil damals im Mittelmeergebiet die Zentren der Kultur und des Fortschritts lagen.

Aber nicht nur in der Metallverarbeitung war man in Nordafrika und im vorderen Orient der übrigen Welt voraus. Auch andere chemische Fähigkeiten wiesen eine hohe Entwicklungsstufe auf: *Färberei* von Textilien mit Safran, Indigo und Purpur; *Glasgewinnung; Bierbereitung;* Herstellung von Salben, Schminken und *Balsamierungsstoffen*.
Das Seefahrervolk der Phönizier aus dem Gebiet des heutigen Libanon brachte die Waren und die chemischen Kenntnisse in andere Teile des Mittelmeeres und damit in die gesamte damalige Welt. Vor allem für das Färben mit Purpur waren die Phönizier bekannt.

China lag außerhalb dieses Zivilisationskreises. Schon zur Zeit um 600 vor Christus war dort das *Porzellan* erfunden worden, dessen Herstellung man in Europa erst wieder im 18. Jahrhundert entdeckte. Chinesen kannten auch bereits vor rund 2000 Jahren die Gewinnung von *Quecksilber* aus *Zinnober*.

Die Griechen

Im Gegensatz zu den praktisch-chemischen Fähigkeiten der Völker des vorderen Orients stellten die Griechen die philosophischen Erkenntnisse über die Stoffe in den Vordergrund. Beispiele hierfür sind die Naturphilosophen *Thales von Milet (um 600 vor Christus), Empedokles (um 450 vor Christus)* und *Demokrit (um 400 vor Christus)*.
Thales sieht im Wasser den Urstoff aller Dinge. Empedokles unterscheidet vier Urelemente: Erde, Wasser, Luft und Feuer, die durch ihre Mischung alle übrigen Stoffe entstehen lassen sollen. Demokrit hält die Dinge dieser Welt für nicht unendlich teilbar und fordert als kleinste Teilchen die Atome. Man darf aber nicht vergessen, daß sich in den Begriffen Element oder Atom nicht unsere modernen Vorstellungen spiegeln, sondern rein philosophische Vorstellungen. Experimentell haben die Griechen nicht gearbeitet, da sie handwerkliche Tätigkeiten als dem Geist nicht ebenbürtig ansahen. Die griechischen Denker haben zum ersten Mal versucht, allgemeingültige Theorien für das Sein der Dinge aufzustellen; darin liegt ihr Verdienst.

Die Römer teilten die Vorliebe für Naturphilosophie nicht. Was ihnen an praktischen Kenntnissen zu Gebote stand, berichtet der Schriftsteller *Plinius* in einem umfassenden Werk über das naturkundliche Wissen seiner Zeit *(1. Jahrhundert nach Christus)*.

> *Die meisten Völker der Antike legten die Fundamente für spätere handwerkliche Fähigkeiten, die chemische Kenntnisse voraussetzten. Nur die Griechen suchten philosophisch das Gemeinsame in den unterschiedlichen Erscheinungsformen der Stoffe.*

Die Alchemie

Jede Beherrschung besonderer Fähigkeiten hat man in der Antike auf göttliche Einflüsse zurückgeführt. So wundert es uns nicht, daß auch chemische Künste stets etwas Geheimnisvolles, Mystisches an sich hatten. Dies kommt schon darin zum Ausdruck, daß Priester und Philosophen die Hüter wichtiger Herstellungsvorschriften und Verfahren waren. In der Zeit des Verfalls der

Alchemistisches Labor im Mittelalter *(Ausschnitt aus dem Gemälde von Thiers, 17. Jh.)*

Antike wurden chemische Kenntnisse weiteren Kreisen zugänglich. Rom verlor in den ersten Jahrhunderten nach Christus seine Bedeutung, und Alexandria in Ägypten wurde geistiger Mittelpunkt. Dort kamen die *Araber* mit dem Gedankengut der Antike in nähere Berührung, übernahmen vieles und vermengten eigene und fremde Erfahrungen zu einer neuen Art von Wissenschaft. Aus jener Zeit stammt auch das Wort »chemi«, das soviel wie schwarze Erde bedeutet; schwarze Erde nannte man das ägyptische Niltal im Gegensatz zu den umliegenden Trockengebieten. »Chemie«, die ägyptisch-arabische Kunst, wurde nun zu einer Lehre, die nach Rezepten für eine *Umwandlung unedler Metalle in Gold* suchte. Diese Lehre nannte man *Alchemie* (auch Alchimie).

Die Mittel für diese Umwandlung trugen die verschiedensten Namen wie »*Stein der Weisen*« oder »*Großes Elixier*«. In jedem Fall blieb das Magische im Vordergrund, wenn auch dem Experiment eine wichtige Stellung eingeräumt wurde. Wegen dieser Experimentierfreudigkeit gelang dem Zeitalter der Alchemie zwischen 400 und 1500 nach Christus eine ganze Reihe von Erfindungen und Entdeckungen. Sie lagen aber alle am Rande dessen, was man eigentlich suchte: Gold. Von einer wissenschaftlichen Durchdringung, einer Theorie mit allgemeiner Gültigkeit, konnte keine Rede sein.

Europa lag zunächst außerhalb des alchemistischen Bereichs Arabien und Ägypten. Griechenland oder Rom, die früher Mittelpunkte des geistigen Lebens gewesen waren, hatten ihre Vorrangstellung eingebüßt und konnten nicht als Vermittler zwischen dem Süden und dem Norden auftreten. Vielleicht hätte Europa die chemischen Kenntnisse der Antike verloren, wenn nicht der Siegeszug der *Araber* bis zu uns vorgestoßen wäre. Nach dem Tod Mohammeds eroberte der Islam im 8. Jahrhundert nicht nur Nordafrika, sondern auch Spanien und Teile Frankreichs. Mit Kriegern kamen auch die Gelehrten, gründeten auf der Iberischen Halbinsel *Universitäten* und brachten das Gedankengut der Antike zu uns.

Die chemischen Kenntnisse der Antike gelangten auf dem Umweg über die Araber und über Spanien nach Europa. So erhielt die wissenschaftliche Welt bei uns neue Impulse.

Heute haftet dem Begriff der Alchemie der Geruch nach Scharlatanerie und Betrug an. In der Blütezeit bemühte man sich jedoch ehrlich – wenngleich mit magischen Kräften – um eine *Wandlung der Stoffe*. Erst gegen Ende der Alchemie, im 15. Jahrhundert und noch später, geriet die »Schwarze Kunst« in Mißkredit. Wir verdanken den Alchemisten nicht nur viele Verbesserungen chemischer Verfahren, sondern auch eine große Zahl neuer Substanzen. Destillation und Sublimation wurden technisch verwendbar; *Phosphor, Arsen, Schwefelsäure* und (europäisches) *Porzellan* sind Ergebnisse alchemistischer Bemühungen.

In der Blütezeit der Alchemie verband sich die christliche Kirche mit der von der Antike übernommenen Kunst. Bekanntester Vertreter in Deutschland ist *Albertus Magnus*. In England betonte *Roger Bacon* die Bedeutung des Experiments. Beide lebten im *13. Jahrhundert* (Vergleich: Mongoleneinbruch, Schlacht bei Liegnitz).

Medizinische Chemie

Die fruchtlosen Bemühungen, den »Stein der Weisen« zu finden, führten gegen Ende des 15. Jahrhunderts (Vergleich: Entdeckung Amerikas) zu einer Abkehr von alchemistischen Versuchen. In den Vordergrund trat jetzt das Bestreben, die Gesundheit des Menschen zu fördern. Dies war zwar auch schon früher das Ziel der Ärzte gewesen, doch hatte man sich als Heilmittel hauptsächlich pflanzlicher Produkte bedient. Nun ging man dazu über, auch Mineralien und künstlich hergestellte Chemikalien als Medikamente zu verwenden. Einer der hervorragendsten Verfechter dieser medizinischen Chemie (auch *Iatrochemie* genannt) war *Paracelsus,* der zu *Beginn des 16. Jahrhunderts* lebte (Vergleich: Zeit Martin Luthers). Sein voller Name lautete *Theophrastus Bombastus Paracelsus von Hohenheim* – Zeichen einer prunkliebenden Epoche. Als Arzt verordnete er auch Substanzen, die als Gifte galten (zum Beispiel Quecksilberpräparate), zu Heilzwecken, da er erkannte, daß nur die angewendete Menge darüber entscheidet, ob ein Stoff im Menschen als Gift oder als Arznei wirkt: Kochsalz ist für uns lebenswichtig, kann jedoch tödlich wirken, wenn man es in zu großen Mengen genießt.

Theophrastus B. Paracelsus von Hohenheim
(10. 11. 1493–24. 9. 1541)

Paracelsus war in vielem ein Mensch seiner Zeit, glaubte zum Beispiel an Astrologie und mystische Einflüsse, hat aber das große Verdienst, auf genaue Beobachtung der Natur und die Bedeutung des Experiments hingewiesen zu haben. Er legte für die Entwicklung der Apothekerkunst in den folgenden Jahrhunderten die chemischen Fundamente.
Ins Zeitalter der medizinischen Chemie fällt auch die Verbesserung vieler technischer Verfahren, die mit der Anwendung in der Heilkunst nicht unmittelbar zusammenhängen, aber durch exakte Beobachtung möglich wurden. So schrieb *Georg Agricola* zu *Beginn des 16. Jahrhunderts* ein Buch über

die Bearbeitung und Unterscheidung von Erzen, aus denen man Metalle gewinnen konnte. *Johann Rudolf Glauber* war einer der ersten »technischen Chemiker«. Er entwickelte zur *Zeit des Dreißigjährigen Krieges* Methoden, die die Herstellung von Sulfaten und Chloriden in größerem Maßstab erlaubten, produzierte Salz- und Salpetersäure und erkannte, daß sich Essig bildete, wenn man Holz unter Luftabschluß erhitzte. Der Name »Glaubersalz« für Natriumsulfat geht auf sein Wirken zurück.

Die Epoche der medizinischen Chemie war eine Übergangsphase von alchemistischen Vorstellungen und Bestrebungen zu einer wissenschaftlichen Betrachtung der Stoffe. Allmählich bildete sich das Experiment und damit eine logisch-begründende Forschungsweise aus.

Beginn der wissenschaftlichen Chemie

Aus dem Gesagten ergibt sich, daß das ausgehende Mittelalter und die beginnende Neuzeit vom Standpunkt des Chemikers aus fließend ineinander übergingen. Einige wichtige Erkenntnisse dieser Zeit seien stichwortartig angeführt:

Gase, die man bisher wegen der Schwierigkeiten ihrer Beherrschung und Untersuchung wenig beachtet hatte, wurden nun intensiver erforscht:

Säuren und *Laugen* fanden bevorzugtes Interesse, da man erkannte, daß sie die Umsetzung vieler Stoffe fördern;

Mineralien erwiesen sich in immer stärkerem Maße als Rohmaterial für Elemente, vor allem für Metalle.

Stärker als einzelne Entdeckungen aber wirkte der neue Geist der Wissenschaft. Die Erkenntnis, daß es außerhalb der damals bekannten Erdteile noch neue Kontinente, ja neue Himmelsregionen gab *(Kolumbus, Kepler, Galilei, Newton)*, förderte auch die Naturwissenschaft, die sich mit den Substanzen dieser Welt beschäftigte. Das Forschen um seiner selbst willen gewann an Bedeutung.

An zwei Fällen soll gezeigt werden, wie die neuen Gedankengänge sich entwickelten. Das eine Beispiel betrachtet die Verbrennungsvorgänge, das andere widmet sich der Atomlehre.

Wir wissen heute, daß jeder *Verbrennungsvorgang* an das Vorhandensein von Sauerstoff gebunden ist. Zu einer Zeit, in der die reinen Gase nur sehr unvollkommen bekannt waren, definierte man die Verbrennung noch nicht als die Vereinigung eines Stoffes mit Sauerstoff. Der deutsche Chemiker *Georg Ernst Stahl* stellte vielmehr *um 1700* (Vergleich: Spanischer Erbfolgekrieg) seine *Phlogistontheorie* auf. Hiernach enthielten alle brennbaren Körper eine Substanz, die in reinem Zustand unbekannt sein sollte und die Stahl Phlogiston nannte. Beim Verbrennen – so meinte er – verlasse das Phlogiston den Stoff; es bliebe also Asche als »dephlogistonisierter« Stoff zurück.

Beispiel: Schwefel enthielt nach Stahl viel Phlogiston und gab dieses beim Verbrennen ab. Die Vorstellung widerspricht unserer modernen Verbrennungstheorie.

Die Klärung ergab sich durch eine Forschungsmethode, die der große französische Chemiker *Antoine Laurent Lavoisier um 1780* (Vergleich: letzte Lebensjahre Friedrichs des Großen) in den Vordergrund stellte: Die Waage maß die Mengen, die bei chemischen Experimenten reagierten. Mit Hilfe genauer Wägungen wurde es möglich festzustellen, daß die Reaktionsprodukte eines Verbrennungsvorganges schwerer waren als die Ausgangsstoffe. Dies stimmte mit der Phlogistontheorie nicht überein, denn wenn Phlogiston den Ausgangsstoff verläßt, müßten die Endprodukte leichter sein. So wurde Stahls Lehre durch exakte Messungen in Zweifel gezogen – ein Triumph moderner Forschungsweise. Stahl suchte allerdings einen Ausweg darin, daß er für Phlogiston ein negatives Gewicht annahm; unter diesen Umständen wären die Meßergebnisse zu erklären. Aber da man nirgend sonst negative Gewichte auf der Welt findet, verlor dieser Deutungsversuch bald an Überzeugungskraft, und die noch heute gültige Ansicht von der Oxidation als der Vereinigung eines Stoffes mit Sauerstoff wurde allgemein anerkannt.

Das zweite Beispiel behandelt die *Atomlehre*. Der Begriff des Atoms tauchte ja schon im Altertum bei *Demokrit (um 400 vor Christus)* auf. Bis zum Beginn der Neuzeit hatte die Frage nach den kleinsten Teilchen der Materie die wissenschaftliche Welt nicht sehr berührt. Als man jedoch die Gase näher zu untersuchen begann, wurde man mit dem Problem konfrontiert: Was ist eigentlich ein Gas? Die Vorstellung, daß winzige Partikel in steter Bewegung seien und dadurch den Raum des Gases erfüllten, wurde schon früh geäußert. Der englische Chemiker *Robert Boyle* fand, daß sich Gase der verschiedensten Art gegenüber Druck sehr ähnlich verhalten: Verdoppelung des Druckes verringert das Volumen auf die Hälfte (Konstanz des Produktes aus Druck und Volumen). Diese Erkenntnis bedeutete *um 1680* (Vergleich: Ludwig XIV. in Frankreich), daß Gase offenbar ähnliche kleinste Partikel enthielten. Zusammen mit den Messungen an chemischen Umsetzungen, die Lavoisier durch die Waage kontrollierte, gelangte man schließlich zu den Gesetzen von der Erhaltung der Masse, der festen und schließlich der mehrfachen Gewichtsverhältnisse. Aufgrund dieser Forschungen begründete *John Dalton 1808* die Atomlehre und definierte das Atomgewicht als Verhältniszahl.

Die Zahl der Einzelentdeckungen wird mit Beginn der wissenschaftlichen Chemie immer größer. Auf dem Gebiet der Gase sind zu nennen: *Henry Cavendish* (beschreibt *1766* den Wasserstoff), *Carl Wilhelm Scheele* (gewinnt *1772* Sauerstoff fast gleichzeitig mit und unabhängig von *Joseph Priestley*).

> *Der Beginn der wissenschaftlichen Chemie ist gekennzeichnet durch immer stärkere Betonung des Experiments und der exakten Messung (Waage). Grundlegende moderne Theorien wie die Gastheorie oder die Atomlehre haben hier ihren Ursprung.*

Moderne Chemie

Nachdem die wesentlichen Vorstellungen über Gase und Atome geprägt worden waren, bedurfte es einer allgemein anerkannten Sprache im Bereich der Chemie. Leider sind die Bezeichnungen für chemische Stoffe auch heute noch nicht absolut einheitlich, aber man hat sich seit Beginn des vorigen Jahrhunderts wenigstens hinsichtlich der *chemischen Zeichensprache* auf eine Art internationalen Codex geeinigt. Schon die Alchemisten benutzten gewisse Symbole für einzelne Elemente. Diese Symbole waren meist der Mythologie entlehnt (Beispiel: Halbmond für Silber). Der Schwede *Jöns Jacob Berzelius* führte *um 1812* (Vergleich: Napoleons Zug nach Rußland) die heutigen Buchstabenzeichen für die Grundstoffe ein und bestimmte das Atomgewicht von nahezu 50 Elementen. Da Berzelius die Kenntnisse seiner Zeit unter neuen Gesichtspunkten zusammenfaßte, darf man ihn als den Begründer der modernen Chemie ansehen. Er entdeckte auch einige neue Elemente (Cer, Thorium, Selen) und beschrieb zum ersten Male den Vorgang einer Katalyse.

Jöns Jakob Freiherr von Berzelius
(29. 8. 1779–7. 8. 1848)

Justus von Liebig
(12. 5. 1803–18. 4. 1873)

In Deutschland wirkte *um die Mitte des vorigen Jahrhunderts Justus von Liebig*. Ihm ist es vor allem zu verdanken, daß mit der Eröffnung des ersten Hochschullaboratoriums in Gießen 1829 die Chemie an den Universitäten als selbständige Wissenschaft anerkannt wurde. Vorher hatte sie als Teil der Philosophie gegolten. Liebig untersuchte viele Jahre lang die Wachstumsvorgänge der Pflanze und stellte fest, daß bestimmte Verbindungen aus dem Boden aufgenommen werden müssen. Damit wurde er zum Begründer der modernen Düngelehre. Während man früher die Felder immer wieder brach liegen lassen mußte, damit sich der Acker erholen konnte, lernte der Landwirt nun, Chemikalien anzuwenden, die die Ernten dauernd auf gleicher

Höhe zu halten vermochten. Das beginnende Industriezeitalter mit dem ungeheuren Wachstum der Bevölkerung wäre nicht in der Lage gewesen, ohne Liebigs bahnbrechende Düngelehre so viele Menschen zu ernähren.
In Liebig fand auch die organische Chemie einen tatkräftigen Förderer. Nachdem *Friedrich Wöhler 1828* die Möglichkeit der Umwandlung eines anorganischen in einen organischen Stoff bewiesen und damit die Lehre von einer »Lebenskraft« gestürzt hatte, begann eine immer genauere Erforschung der Kohlenwasserstoffe, Alkohole, Eiweißsubstanzen und der übrigen organischen Verbindungen. Liebig hat hier schon zu Beginn für eine gewissenhafte Ordnung der Begriffe gesorgt.

Berzelius als Schöpfer der Zeichensprache und Liebig als Begründer der Düngelehre und Förderer der organischen Chemie haben im vorigen Jahrhundert die Ausgangsbasis für die Weiterentwicklung der verschiedenen Forschungszweige geschaffen.

Der Zuwachs an Wissen war in den letzten 170 Jahren so groß, daß im Rahmen dieser Zusammenstellung keine zusammenhängende Übersicht gegeben werden kann. Wir wollen im folgenden lediglich einige Entwicklungslinien als Beispiele aufzeigen, um die Verbindung zwischen dem Denken vergangener Zeit und der Aussage der Gegenwart zu knüpfen. Die Namen vieler berühmter Chemiker werden nicht erwähnt, was aber keinerlei Wertung ihrer Arbeit darstellen soll.

Atomlehre

Seit Dalton nahm man als kleinste Teilchen der Elemente die Atome, als kleinste Teilchen der Verbindungen die Moleküle an. Dieser Schluß hatte sich aus den Verbindungsgesetzmäßigkeiten ergeben, blieb aber zunächst eine *Hypothese.*

Unter einer Hypothese versteht man in der Naturwissenschaft eine wahrscheinliche Annahme, die dazu dient, Überlegungen auf einem Forschungsgebiet zu überprüfen *(Arbeitshypothese).* Die Hypothese ist nichts anderes als ein Denkgebäude, das sich erst »im Feuer des Experiments bewähren muß«. Sprechen Erfahrungen, Versuchsergebnisse oder logische Schlüsse gegen eine Hypothese, so wird sie verworfen und gegen eine neue, andersartige gedankliche Konstruktion ausgetauscht. Erst wenn sie sich bei der Deutung der Naturvorgänge und im Experiment als geeignet erwiesen hat, bestimmte Sachverhalte widerspruchslos zu erklären, rückt sie in den Rang einer *Theorie* auf, wobei meist mehrere Hypothesen verschiedener Herkunft zusammenwirken *(Theoriengebäude).*

Im Fall der Atomlehre ließ ein schlüssiger Beweis lange auf sich warten. Die Zahl der bekannten chemischen Elemente stieg um 1850 rapide an. *1869* (Vergleich: Deutsch-französischer Krieg) ordneten der Deutsche *Lothar Meyer* und der Russe *Dimitrij Iwanowitsch Mendelejeff* die bis dahin entdeckten Grundstoffe in einem sogenannten Periodensystem und vermochten sogar noch fehlende Grundstoffe festzustellen, da sich Lücken in ihrem System ergaben. Trotz dieser Triumphe blieb aber das Atom als kleinstes Teilchen noch immer hypothetisch, unbeweisbar.

Die Aufstellung eines Periodensystems ohne die exakte Kenntnis der Atomstruktur muß als eine Glanzleistung chemischer Theorie bezeichnet werden. Vor allem Mendelejeff erwies sich als Meister des Vergleichs von Elementeigenschaften. Er war es auch, der die Existenz des damals noch unbekannten *Grundstoffs mit der Ordnungszahl 32* voraussagte. Ja, er vermochte durch Bildung von Mittelwerten zwischen Silizium und Zinn sogar die Eigenschaften jenes noch hypothetischen »Eka-Siliziums« anzugeben. Fünfzehn Jahre später *(1886)* entdeckte dann der deutsche Chemiker *Clemens Winkler* aufgrund der Voraussagen das gesuchte Element und nannte es Germanium. Einige Eigenschaften, die Mendelejeff »konstruiert« hatte, seien hier erwähnt; die später ermittelten wirklichen Werte des Germaniums sind in Klammern angegeben: Atomgewicht 72 (72,6); spezifisches Gewicht 5,5 (5,35); bildet ein Dioxid (bestätigt); bildet ein Tetrachlorid (bestätigt); spezifisches Gewicht des Dioxids 4,7 (4,70); spezifisches Gewicht des Tetrachlorids 1,9 (1,88); Sulfid ist in Ammoniumsulfid löslich (bestätigt).

Marie Curie
(7. 11. 1867–7. 7. 1934)

Ernest Rutherford
(30. 8. 1871–19. 10. 1937)

Der Beweis für die wirkliche Existenz der Atome kam von einer ganz anderen Seite, als man dies erwarten konnte, nämlich von der Physik. Der französische Physiker *Antoine Henry Becquerel* war von der Entdeckung der Röntgenstrahlen im Jahre *1895* so fasziniert, daß er alle möglichen Substanzen auf ihre Strahlungsfähigkeit untersuchte. Bei diesen Arbeiten stieß er auf das Mineral Pechblende, ein Uranoxid, das eine Strahlung abgab, die auch im Dunkeln eine photographische Platte so schwärzte, wie dies Licht zu tun pflegt. Der Charakter dieser Strahlung blieb zunächst unbekannt. Die Untersuchung der Pechblende übertrug Becquerel der polnischen Studentin *Marya Sclodowska*, die als *Marie Curie* berühmt werden sollte. Sie fand, daß die Strahlung im wesentlichen von einem damals noch unbekannten Element in der Uranpechblende stamme, dem Radium. Radium wurde rein dargestellt und genau untersucht. Der englische Physiker *Ernest Rutherford* stellte fest, daß die Strahlung aus drei Komponenten bestand, der Alpha-, Beta- und Gammastrahlung. Die wichtigste Entdeckung aber war die, daß Radium sich im Laufe langer Zeiträume in andere Elemente umwandelte, nämlich in Helium und Blei. Das Radium seinerseits war wiederum aus dem

Uran gebildet worden. Damit war klar, daß die Atome nicht mehr die unteilbaren Urpartikel sein konnten, für die sie noch Dalton gehalten hatte. Sie mußten vielmehr aus noch kleineren Bestandteilen aufgebaut sein. Durch systematische Analyse der Strahlung und der Zerfallsprodukte gelangte Rutherford schließlich *1911* zum *Atombau*. Der Däne *Niels Bohr (1885 bis 1962)* vervollständigte die Theorie und schuf das erste Atommodell. Ein positiv geladener Kern wird von negativ geladenen Elektronen in bestimmten Abständen umkreist. Der Kern wiederum setzt sich aus den Protonen und den nicht geladenen Neutronen zusammen. Das einfachste Atom ist das

Niels Bohr
(7. 10. 1885–18. 11. 1962)

des Wasserstoffs; sein Kern besteht nur aus einem Proton, und ein einziges Elektron umkreist ihn. Seither hat man das Atommodell mehrfach verändert und verfeinert. Vor allem die sogenannte Quantenmechanik konnte auf mathematischer Grundlage vieles Neue beitragen. Damit trat die Physik stärker in den Vordergrund.

Die eigentliche Atomlehre wurde *1919* durch Rutherford um eine weitere Erkenntnis bereichert, die *künstliche Elementumwandlung*. Er konnte zeigen, daß ein Alpha-Teilchen (Helium-Ion) beim Aufprall auf ein Stickstoffatom eine Reaktion auslöste, die zur Bildung eines Atoms Wasserstoff und eines Atoms Sauerstoff (mit dem Atomgewicht 17) führte. Damit war bewiesen, daß nicht nur Elemente wie das Uran oder das Radium freiwillig zerfallen, sondern daß auch eine Kollision von schnell bewegten Atomen zu einer solchen »Katastrophe« führen konnte.

15 Jahre später – *1934* – gelang auch die Erzeugung *künstlicher Radioaktivität*. Marie Curies Tochter, *Irène Joliot-Curie*, beschoß Aluminiumblech mit Alpha-Teilchen; es entstand neben Neutronen radioaktiver Phosphor mit dem Atomgewicht 30. So war es auch möglich, Isotope von Elementen

herzustellen, die es in der Natur nicht oder (wegen ihrer geringen Halbwertszeiten) nicht mehr gibt.

Marie Curie hatte das allgemeine Problem der Radioaktivität entdeckt; Rutherford und Bohr schufen das Atommodell. An Hand des Atommodells wurde es möglich, die künstliche Elementumwandlung und die künstliche Radioaktivität durch Beschuß mit Elementarteilchen zu erzwingen.

Auf dem Weg zur Atombombe fehlte nur noch ein einziger Schritt. In den Jahren *nach 1934* gelang es, Elemente durch Vergrößerung der Atomkerne neu zu schaffen, die schwerer als das schwerste natürliche Element (Uran) waren. Man nannte sie *Transurane*: Neptunium, Plutonium, Americium usw. *Ende 1938* waren die beiden deutschen Chemiker *Fritz Straßmann* und *Otto Hahn* damit beschäftigt, Uran mit Neutronen bestimmter Geschwindigkeit zu beschießen. Statt eines Transurans erhielten sie zwei Bruchstücke des großen Atoms: Ihnen war die *Spaltung von Atomen* gelungen. Wichtig war die Entdeckung, daß bei diesem Zerfall zahlreiche weitere Neutronen entstanden und daß ein hoher Energiebetrag frei wurde. *Während des Zweiten Weltkrieges* zeigte sich dann in den USA, wo man die Forschungen von Hahn und Straßmann aufgriff, daß die Neutronen dazu benutzt werden konnten, weiteres Uran zum Zerfall zu bringen und somit ungeheure Energiemengen in einer Kettenreaktion zu gewinnen: die *Atombombe.*
Inzwischen ist es auch gelungen, die Kettenreaktionen zu beherrschen und die Energie nicht in Bruchteilen von Sekunden, sondern nach und nach freizusetzen. Damit wurde der Atomreaktor, das Kernkraftwerk, möglich. Es verwandelt Atomenergie in elektrischen Strom.

Atombomben liefern Energie durch die Spaltung von Atomen. Andererseits kann auch das Zusammentreten kleinerer Atome zu größeren (Wasserstoff zu Helium) riesige Energien freisetzen. Man spricht dann von sogenannten Fusionsreaktionen. Die *Wasserstoffbombe*, eine Entwicklung der *ersten Nachkriegsjahre*, arbeitet nach diesem Prinzip. Da die Vereinigung von Atomkernen nur bei extrem hohen Temperaturen erfolgt, ist eine Zündung von Wasserstoffbomben nur durch Atombomben möglich. Eine »Zähmung« dieses Bombentyps zur Erzeugung von Energie für friedliche Zwecke ist bisher nicht gelungen, da wir noch keine Möglichkeit sehen, so hohe Temperaturen über längere Zeiträume hin aufrecht zu erhalten.

Moderne Technik: Soda-Gewinnung

Neue chemisch-technische Verfahren, die Verbesserungen älterer Verfahren ermöglichen, sind das Ergebnis langjähriger Arbeit. Vom ersten Gedanken bis zur technischen und wirtschaftlichen Verwirklichung des Prozesses geht der Erfinder einen dornenvollen Weg. Am Beispiel der Gewinnung von Soda wollen wir einen klassischen Fall der technischen Chemie beleuchten.
Soda nennt der Chemiker Natriumcarbonat. Es wird zur Herstellung von Glas, Waschmitteln und vielen anderen Produkten benötigt. Früher war der Bedarf relativ gering. Doch schon Johann Rudolf Glauber hatte im 17. Jahrhundert nach einem Verfahren für Soda-Gewinnung gesucht. Der damalige Stand des Apparatebaues verhinderte jedoch einen Erfolg. Es gab keine verlustfreien Kreisprozesse, keine Druckanlagen, keine Vakuumapparaturen. Alle diese Neuerungen blieben dem 19. und 20. Jahrhundert vorbehalten.

Aufnahme einer Atombombenexplosion

Am Ende des 18. Jahrhunderts hatte die Erfindung der Dampfmaschine dem wirtschaftlichen Leben in England starken Auftrieb verliehen. Webstühle produzierten nun ein Vielfaches an Stoffen, Kohle- und Eisenproduktion stiegen in immer größerem Umfang. Es zeigte sich schon damals, daß die Chemie unbedingt am Aufschwung der Zeit beteiligt werden mußte, denn sie lieferte wichtige Rohstoffe, ohne die andere Wirtschaftszweige nicht existieren konnten. Stellte der mechanische Webstuhl tausendmal mehr Baumwollstoffe her, so benötigten die Weber tausendmal mehr Waschmittel, um diese Baumwolle zu behandeln. Die Zeit, in der man Baumwoll- und Leinenstoffe im Laufe von Wochen auf dem Rasen gebleicht hatte, war vorüber; die *chemische Bleiche* setzte sich durch. Für das Waschen der Textilien benötigte die mächtig aufstrebende Industrie *Pottasche*, Kaliumcarbonat. Die Herstellung war einfach, aber auch im höchsten Grade unrentabel: Die Verbrennung von Buchenholz lieferte Holzasche, in der der gesuchte Stoff enthalten war. Bisher hatten sich die Glasbläser, die Seifensieder und auch die Textilerzeuger mit dieser primitiven Art der Gewinnung zufrieden gegeben. Einem industriellen Zeitalter genügte sie nicht mehr.

Die Fachleute wußten damals schon, daß die Pottasche in ihrer Wirkung der Soda gleichkam. Soda gewann man damals noch aus der Asche salzhaltiger Pflanzen, die an Meeresküsten wuchsen. Tausende von Tonnen bezog England von Spanien, wo das Sodagewerbe in Blüte stand. Doch die Zeiten hatten sich gewandelt: Textilfabriken, Glashütten und Seifensiedereien steigerten ihre Produktion und benötigten dringender denn je Soda oder Pottasche. Die Wissenschaft wurde aktiv. Es war zu vermuten, daß zwischen Soda und *Kochsalz* (Natriumchlorid) eine chemische Verwandtschaft bestand, die es ermöglichte, das Schlüsselprodukt aus dem billigen Rohstoff Salz in technischem Maßstab zu gewinnen. Der Weg, der zu beschreiten war, lag aber noch im Dunkeln. So setzte die französische Akademie der Wissenschaften im Jahre 1775 einen Preis von 1 200 Pfund für die rentable Erzeugung von Soda aus Kochsalz aus.

Der Weg schien klar vorgezeichnet zu sein. Das einzige starke Reagenz, das Kochsalz zerlegte, war die *Schwefelsäure*. Damals kannte man schon eine Möglichkeit, die Säure im sogenannten Bleikammerverfahren verhältnismäßig preisgünstig herzustellen. Ließ man Schwefelsäure auf Kochsalz einwirken, so entstanden Salzsäure und Natriumsulfat (Glaubersalz):

$$2\,NaCl + H_2SO_4 \rightarrow Na_2SO_4 + 2\,HCl$$

In irgendeiner Weise mußte nun das Glaubersalz mit der sehr schwachen Kohlensäure in Reaktion gebracht werden. Im Jahre *1784* ging der französische Arzt *Nicolas Leblanc* daran, diesen zweiten Teil der Reaktion zu untersuchen. Er steckte seine Geldmittel in die kostspieligen chemischen Versuche und erkannte, daß man das Natriumsulfat mit Hilfe von Kohle zu Natriumsulfid reduzieren müsse, um dieses dann mit Kalk in Soda zu verwandeln:

$$Na_2SO_4 + 2\,C + CaCO_3 \rightarrow Na_2CO_3 + CaS + 2\,CO_2$$

Leblanc baute eine kleine Fabrik und stellte bald pro Tag einige hundert Kilogramm Soda her. Für die damalige Zeit war dies ein beachtlicher Aus-

stoß. Doch das Verfahren hatte Nachteile. Die Umwandlung des Natriumsulfats erforderte hohe Temperaturen, und Heizmaterialien waren teuer. Noch war indessen kein Konkurrent auf dem Markt, der den Preis der Soda unterbieten konnte. Das *Leblanc-Verfahren* begann seinen Siegeszug.
Die Französische Revolution setzte der hoffnungsvollen Entwicklung zunächst ein Ende. Die Fabrik wurde beschlagnahmt und geschlossen. Leblanc sah sein Lebenswerk gefährdet. Die Preise für Soda stiegen wieder an. Der Erfinder war zwar von der Revolution nicht unmittelbar erfaßt, doch büßte er sein Vermögen ein. Erst 1806 besann sich Frankreich wieder auf das Verfahren und errichtete zwei neue Fabriken, die alsbald mit hohen Gewinnen arbeiteten. Nicolas Leblanc sah diese Erfolge nicht mehr. Er hatte im selben Jahr als armer Mann seinem Leben ein Ende gesetzt.

Inzwischen war auch in England der Leblanc-Prozeß übernommen worden. Hier, wo die Industrialisierung schon ihre ersten Triumphe feierte, mußten die Aussichten für gewinnbringende Produktion am größten sein. Zwar hatte Leblanc am 23. September 1791 ein französisches Patent erhalten, doch war von den Revolutionsbehörden das Verfahren in allen Einzelheiten freigegeben worden, so daß einer Übernahme keine Schwierigkeiten im Weg standen.

In England greift *James Muspratt* das Leblanc-Verfahren auf, als *1823* die Salzsteuer um vier Fünftel gesenkt wird. Wieder zeigt sich, daß die Verbilligung eines Rohstoffes oft die Möglichkeit für die Produktion einer ganz anderen Substanz bietet. Muspratt stellt von vornherein neben seine Sodafabrik eine Anlage zur Erzeugung von Schwefelsäure. Auf diese Weise schafft er zum ersten Male ein »Kombinat« – Produktionsstätten, die sich ergänzen. Er weiß, daß England Kalk, Kohle und Salz in Hülle und Fülle besitzt, der Engpaß für sein Verfahren jedoch in den Rohmaterialien für die Schwefelsäure liegt. Schwefel kommt aus Sizilien. Um nicht marktabhängig zu werden, kauft Muspratt bald Pyritgruben in Spanien auf und röstet den Eisenkies: Der Sodaprozeß schlägt Wellen weit in neue Gebiete der Produktion, denn die Eisenverhüttung erhält durch die Verbesserung der Röstverfahren neue Impulse.

Der hohe Energieverbrauch des Leblanc-Verfahrens bleibt ein wunder Punkt. Doch Muspratt versteht es, die Gewinne zu steigern, indem er die *Nebenprodukte* günstig verkauft. Zum ersten Male in der Geschichte der technischen Chemie wird klar, daß die Rentabilität eines Verfahrens von der restlosen Verwendbarkeit aller auftretenden Produkte abhängt. Noch ist die günstigste Form, der geschlossene Kreisprozeß, nicht erfunden. Lediglich im Bleikammerverfahren für die Herstellung von Schwefelsäure geht man dazu über. Doch Muspratt fördert das Leblanc-Verfahren durch den Erlös der *Salzsäure*, die in großen Mengen auftritt. Anfangs hat er das giftige Chlorwasserstoffgas einfach aus den Fabrikschornsteinen in die Atmosphäre entweichen lassen, was zu einer Vernichtung der Pflanzenwelt ringsum führte. Jetzt interessiert er die neu entstehenden Gaswerke für seine Salzsäure; aus dem Ammoniak des Leuchtgases kann man mit Salzsäure *Salmiak* herstellen:

$$NH_3 + HCl \rightarrow NH_4Cl$$

Ein anderer Teil der Musprattschen Salzsäure dient zum Aufschließen der Knochen bei der *Leimerzeugung*. Mit dem Aufschwung der Holzverarbeitung ist auch hier der Bedarf gewaltig gestiegen. Die Hauptmenge aber fließt – als *Chlorkalk* – wieder in die Bleichbottiche der Textilfabriken und Papierwerke. So nützt der Sodaprozeß diesen Gewerbezweigen nicht nur unmittelbar, sondern auch mittelbar, indem die Nebenprodukte angewendet werden können.
Jahrzehntelang haben Muspratt und seine Chemiker sich nach einer Verwertung des als Endprodukt anfallenden Calciumsulfids (CaS) umgesehen. Auf Halden geschüttet, wandelt es sich bald unter dem Einfluß der feuchten Luft in Schwefelwasserstoff und stinkende Abwässer um. Erst spät gelang es, den Schwefel daraus zu nutzen. Da waren aber die Tage des Musprattschen Werkes schon gezählt. Vom Kontinent nahte ein Konkurrent, dem das Leblanc-Verfahren trotz bestmöglicher Verwendung aller Nebenprodukte nicht gewachsen war: das *Solvay-Verfahren*.

Ernst Solvay
(16. 4. 1838–26. 5. 1922)

Ernst Solvay wurde *1838* in Brabant geboren. Sein Interesse galt schon in jungen Jahren der Chemie, doch hinderte ihn seine angegriffene Gesundheit daran, sich dem Studium zu widmen. Die Lebensgeschichte Solvays zeigt aber deutlich, wie die Umwelt die Neigungen eines Menschen fördern kann, ohne daß zunächst ein festes Ziel erkennbar wäre. Der junge Solvay lernt als ersten chemischen Stoff das Kochsalz kennen. Sein Vater besitzt nämlich außer Steinbrüchen auch eine kleine Salzsiederei, für die sich der Junge sehr interessiert. Mit 21 Jahren nimmt ihn sein Onkel als Gehilfen in sein Gaswerk auf. Die Leuchtgasgewinnung war damals ein Zweig der Technik, der gerade im Kommen war. Solvay experimentierte mit Salzlösungen und Ammoniak, dem Nebenprodukt der Gaswerke. Als er Kohlendioxid einleitet, fällt Natriumhydrocarbonat aus.

Er glüht es zu Soda:

$$NH_3 + CO_2 + H_2O \rightarrow NH_4HCO_3$$
$$NH_4HCO_3 + NaCl \rightarrow NaHCO_3 + NH_4Cl$$
$$2\,NaHCO_3 \rightarrow Na_2CO_3 + H_2O + CO_2$$

Solvay weiß nicht, daß die Herstellung kleiner Mengen Soda über Ammoniak nicht neu ist. Er ist Autodidakt, hat wenig Literatur gelesen. Als tüchtiger Industrieller baut er jedoch eine kleine Versuchsanlage und glaubt, mit »seiner« Erfindung ein größeres Werk wagen zu können. Im Jahre 1863 gründet er mit Mitgliedern seiner Familie und einigen Freunden die Gesellschaft *Solvay & Cie* bei einem Kapital von 136000 Franken. Zu diesem Zeitpunkt beträgt die Sodaproduktion der Leblanc-Werke 300000 Tonnen pro Jahr.
Solvay liest nun sorgfältig alles, was über die Darstellung von Ammoniaksoda bekannt ist, und stößt auf die Arbeiten seiner Vorgänger. Er vermeidet in seiner Fabrik die Fehler, die sie gemacht haben. 1865 wird die Produktion aufgenommen, im folgenden Jahr beläuft sich der Tagesausstoß auf 1500 Kilogramm. Die Pariser Weltausstellung vergibt an sein Verfahren 1869 eine bronzene Medaille. Alles scheint reibungslos zu funktionieren. Doch auch hier gibt es Schwierigkeiten. Ammoniak ist zu teuer, um vergeudet werden zu können. Die Apparaturen müssen gasdicht arbeiten, der Prozeß muß kontinuierlich gestaltet werden. Brennen von Kalk liefert das Kohlendioxid, und zugleich dient das anfallende Calciumoxid zur Wiedergewinnung des Ammoniaks:

$$CaCO_3 \rightarrow CaO + CO_2$$
$$CaO + 2\,NH_4Cl \rightarrow 2\,NH_3 + H_2O + CaCl_2$$

Alle diese Arbeiten erfordern sorgfältige Voruntersuchungen und verschlingen in den ersten Jahren fast das gesamte Kapital der Familie. Kurz vor der Bankrotterklärung gelingt der entscheidende Schlag im Kampf gegen Leblanc: Solvay wendet das *Gegenstromverfahren* an, indem er in gußeisernen Türmen von oben die ammoniakalische Sole einlaufen läßt und von unten das Kohlendioxid entgegenführt. Das Rührwerk der älteren Anlagen ist verlassen, der Schritt in chemisches Neuland war getan.
Um 1870 hat Solvay die Schwierigkeiten überwunden. Er unterbietet die Leblanc-Hersteller zunächst nur wenig, nimmt Verbindungen mit vielen europäischen Ländern auf, stellt bereitwillig Leblanc-Produzenten auf das Solvay-Verfahren um, wenn sie es wünschen. Der Einbruch ins Hauptquartier des Feindes gelingt mit der Abgabe der Lizenz an den Engländer *Mond,* einen gebürtigen Deutschen. Mond baut in wenigen Jahren in England eine Sodaproduktion auf, der das Leblanc-Verfahren nicht gewachsen ist. 1880 produzierte die Welt noch 545000 Tonnen Leblanc-Soda und nur 136000 Tonnen Solvay-Soda. Zehn Jahre später hat sich das Verhältnis in 390000 zu 633000 Tonnen gewandelt. Die Umstellung erfolgte langsam. Bis zuletzt glaubten die alten britischen Werke, ihre Position noch halten zu können. Die Gewinnung von Schwefel aus dem bislang wertlosen Calciumsulfid (CaS) schien die Rettung zu sein. Doch Solvay erschloß mit der *gesteigerten*

Leuchtgasproduktion immer neue und immer billigere Ammoniakquellen, denn bei der Leuchtgasgewinnung war ja Ammoniak »wertloses« Nebenprodukt. Der Einfluß des Belgiers wuchs ständig. Er kaufte Salz- und Kohlelager in allen Teilen der Welt, beteiligte sich am Kapital der großen Glasproduzenten, an denen er verständlicherweise besonders interessiert war, erwarb Patente, die die Anwendung der Soda auszuweiten versprachen, und leitete alle diese Manipulationen so umsichtig, daß er in seinem Alter bedeutende Summen für die Förderung der Wissenschaften stiften konnte.
Im Todesjahr Solvays – *1922* – schlossen die letzten Leblanc-Werke ihre Tore. Heute liegt der Herstellungspreis von 100 Kilogramm Soda bei etwa 4 bis 5 Mark – Soda ist zum billigen Massengut geworden. Neuerdings gewinnt man Soda auch in zunehmendem Maße aus natürlichen Vorkommen (Seen in Amerika, Afrika und Asien), doch bleibt die synthetische Soda nach wie vor führend auf dem Weltmarkt.

Soda und Schwefelsäure hat man die Grundpfeiler genannt, auf denen das Gebäude der technischen Chemie ruht. An der Bedeutung der beiden Rohstoffe für die moderne Industrie hat sich nichts geändert. Die enge Verflechtung aller chemischen Bereiche wird bei der historischen Betrachtung ihrer Entwicklung besonders deutlich.

Farben – einst und jetzt

Wir haben bereits erwähnt, daß farbige Höhlenmalereien die ersten Zeugnisse menschlicher Kunst waren. Auch von den Fähigkeiten der antiken Völker, Textilien mit Naturfarben zu färben, wurde andeutungsweise gesprochen. Von den vielen Möglichkeiten greifen wir zwei heraus: Purpur und Indigo. Beide hatten in der Antike größte Bedeutung. Purpur kennt heute kaum noch jemand, während Indigo beliebt ist wie eh und je.

Purpur ist das Produkt bestimmter Meeresschnecken, die der Zoologe mit verschiedenen Namen belegt. Am bekanntesten ist das Brandhorn (Murex trunculus). Der rötlich-violette Farbton war sehr lichtecht – eine Seltenheit bei den Farben der Antike. Bekannte Gewinnungsstätten für Purpur waren die Städte an der Küste Phöniziens, des heutigen Libanon, auch die süditalienische Stadt Tarent. Die *Purpurherstellung* blieb noch in der Römerzeit einer bestimmten Zunft vorbehalten, die staatlich überwacht und zur Wahrung ihres Berufsgeheimnisses verpflichtet war. Dennoch wissen wir über die Grundvorgänge verhältnismäßig gut Bescheid. Wir wollen sie hier kurz skizzieren, um die Kompliziertheit antiker Verfahren zu beleuchten.
Am Beginn des Herstellungsprozesses stand das Sammeln jener Meeresschnecken, deren Körper eine Purpurdrüse enthält. Sie sind an den Küsten stellenweise sehr häufig. Trotzdem muß es große Mühe gemacht haben, sie in solchen Mengen aus dem Meer zu holen. Man benötigte nämlich Zehntausende von Schnecken, um nur ein Gramm des kostbaren Purpurs gewinnen zu können. Aus spätrömischer Zeit ist uns überliefert, daß das Färben von einem Kilogramm Purpurwolle umgerechnet etwa 6000 bis 7000 Mark gekostet hat. Dies zum Vergleich mit den heutigen Preisen für das Färben

von Textilien! Es versteht sich von selbst, daß Purpur zum Symbol von Reichtum und Luxus wurde. Senatoren durften an ihrer Tunica einen purpurnen Streifen tragen, und nur dem Kaiser blieben rein purpurne Gewänder vorbehalten.
Waren die Schnecken gesammelt, so zerstampfte man sie in Bottichen. Bei größeren Arten wurde das Gehäuse aufgebohrt und das Gewebe der Purpurdrüse herausgeholt. Zugabe von Salz zu dem Brei ergab schließlich eine trübe, bräunlich-gelbe Flüssigkeit, die noch keinerlei Ähnlichkeit mit einem Farbstoff erkennen ließ. Etwa zehn Tage lang erhitzte man nun die Brühe, um Verunreinigungen auszuscheiden und die Lösung anzureichern. Dabei verringerte sich die Flüssigkeitsmenge beträchtlich. Hatte man zum Beispiel 100 Liter Rohbrühe angesetzt, so blieben am Schluß noch etwa 5 Liter *Extrakt*. So erklärt sich die Kostspieligkeit des Verfahrens.
Um die Farbe aus der Flüssigkeit zu entwickeln, bedurfte es einer chemischen Umwandlung, die sich beim Purpur – das wußten schon die Phönizier – im *Licht* abspielte. Man brauchte nur Seide oder Wolle in den Extrakt zu tauchen und die Fäden dem Licht auszusetzen. Dann entstand zunächst ein gelbstichiges Grün, später allmählich ein Rot und schließlich der leuchtend violette Purpurfarbton.
Beschreibt man den Vorgang in dieser Weise, so erweckt man den Eindruck, als sei der Prozeß eine rein handwerkliche Routinearbeit. In Wirklichkeit gibt die Beschreibung aber nur das Prinzip wieder. Die Kunst der Purpurfärbung bestand nämlich darin, je nach Wunsch die verschiedensten Farbtöne vom hellsten Rot bis zum tiefsten Violett zu erzeugen. Das konnte zum Beispiel dadurch geschehen, daß man Farbbrühen verdünnte oder die Fasern länger oder kürzer eintauchte. Große Bedeutung hatten zweifellos auch Extrakte unterschiedlicher Herkunft, denn je nach der Art der verwendeten Schnecken schwankte der Farbton um einen Mittelwert. Wir wissen auch, daß der hohe Preis der Purpurfärbung Anlaß zur Entwicklung von Verfahren gab, die eine Verbilligung ermöglichten. So gab man etwa einer Wolle, die mit anderen roten Farben vorbehandelt war, nur noch abschließend einen Hauch des echten Purpurs mit. Der Fachmann würde dies heute ein »Purpurfinish« nennen.
An dieser Stelle begegnet unsere Betrachtung des Purpurs dem anderen Farbstoff, der seit der Antike bekannt ist, dem leuchtend blauen *Indigo*. Seine Lichtechtheit ist ebenfalls groß, so daß eine Kombination von Purpur mit Indigo ideale Mischungen ergab: Rot ließ sich durch Blau in Violett abwandeln, ohne daß hohe Purpurkonzentrationen nötig gewesen wären.
Indigo hat eine ganz andere Herkunft als der Schneckenfarbstoff: Er wird aus Pflanzen gewonnen. Eine farblose Vorstufe, das sogenannte *Indican*, ist in verschiedenen Arten von Schmetterlingsblütlern und Kreuzblütlern enthalten. In Indien baut man seit alter Zeit die echte Indigopflanze (Indigófera tinctoria) an, während Europa seinen Bedarf schon im Mittelalter durch den einheimischen Färberwaid (Isatis tinctoria) deckte. In Indien erntet man die Indigopflanze zur Blütezeit und legt sie zunächst 12 bis 15 Stunden in wassergefüllte Gruben. Dies war im Altertum eine Erfahrungsregel. Wir wissen heute, was bei diesem Wässern geschieht: Unter dem Einfluß eines Ferments

spaltet sich das Indican und ergibt das Zwischenprodukt *Indoxyl*, das zwar ebenfalls noch farblos ist, aber die Eigenschaft besitzt, mit Luftsauerstoff in den blauen Indigofarbstoff überzugehen. Den Umwandlungsprozeß bewirkt also nicht die Sonne wie beim Purpur, sondern der Sauerstoff der Luft.
In der Kombination von Purpur und Indigo begegneten sich die beiden Farbstoffe im Altertum. Schon bald aber trennten sich ihre Wege wieder. Der Purpur hat den Ausgang der römischen Kaiserzeit nicht überlebt. Die Geheimrezepte verschwanden mit dem Berufsstand der Färber.
Dem Indigo war ein ganz anderes Schicksal beschieden. Der blaue Farbstoff konnte seine Vorrangstellung bis in die Neuzeit hinein behaupten. Indigo wurde noch um 1900 in einer Menge von rund 1 000 Tonnen nach Deutschland eingeführt, und der Warenwert lag bei etwa 8 Millionen Mark. Doch zu dieser Zeit war das Todesurteil für das Naturprodukt bereits gesprochen. Die deutsche *chemische Industrie* schickte sich an, das Monopol des Auslands zu brechen. Begonnen hatte diese Entwicklung an einem Punkt, der mit der Farbstofftechnik nichts zu tun zu haben schien. Schon die Betrachtung der Soda-Gewinnung hatte gezeigt, daß dies typisch für das Industriezeitalter wurde: Fortschritte auf einem Sektor konnten Veränderungen auf einem völlig anderen Gebiet zur Folge haben. Wieder war es die Leuchtgasproduktion, die hier entscheidend eingriff. Neben dem Ammoniak, der für den Solvay-Prozeß so wichtig geworden war, fiel bei der Gasgewinnung sogenannter *Steinkohlenteer* an, eine braunschwarze, klebrige, übelriechende Masse. Als erster wies der deutsche Chemiker *Friedlieb Ferdinand Runge (1795–1822)* darauf hin, daß dieser Teer ein idealer Rohstoff für die Gewinnung vieler organischer Chemikalien sei. Er selbst isolierte eine große Zahl von Verbindungen aus der zähen Flüssigkeit. Ein Wettbewerb der Chemiker begann: Wer findet neue Stoffe im Steinkohlenteer? Heute sind über 300 Substanzen darin nachgewiesen, einige von größter wirtschaftlicher Bedeutung.
Das Startzeichen für die Farbstoffgewinnung aus Steinkohlenteer gab *1856* (Vergleich: Ende des Krimkriegs) die Zufallsentdeckung eines jungen englischen Studenten. Der achtzehnjährige *William Henry Perkin* wollte im Labor des deutschen Chemikers August Wilhelm Hofmann in London Chinin aus Anilin herstellen. Anilin stammte aus dem Steinkohlenteer. Perkin erhielt aber kein Chinin, sondern eine Substanz, die Baumwolle leuchtend violett färbte. Er nannte diesen Stoff *Mauvein* und begründete damit den ersten Zweig der Teerfarbenindustrie, die 40 Jahre lang die Chemie beherrschen sollte.
Laboratorien in England, Frankreich und Deutschland nahmen die Idee »Leuchtende Farben aus dem stinkenden Teer« mit Begeisterung auf. Überall erzielte man sensationelle Erfolge. Anilinrot, Methylviolett, Jodgrün – Farben von nie gekanntem Glanz flossen aus den Retorten der Chemiker. Man experimentierte auch mit Blautönen, aber keine Substanz erreichte damals die Echtheit des Indigos. Man zog den Schluß daraus: Wenn es nicht möglich ist, einen neuen blauen Farbstoff zu schaffen, dann wollen wir den Indigo, den die Natur uns liefert, selbst herstellen! Den ersten Schritt auf diesem Weg tat *Adolf Baeyer*, einer der Pioniere der Teerfarbstoffchemie. Er stellte *1865*

die genaue Formel des Naturindigos auf. Damit hatte man gewissermaßen den Steckbrief des gesuchten Produkts. 1880 gelang Adolf Baeyer die erste *Synthese des Indigos* im Laboratorium. Der Sieg über das Naturprodukt schien gewiß. Die beiden großen Firmen Farbwerke Hoechst und Badische Anilin- und Sodafabrik Ludwigshafen erwarben sofort das Patent für die Herstellung von Baeyer und schickten sich an, die Produktion in großem Maßstab aufzunehmen.

Adolf Baeyer
(31. 10. 1835–20. 8. 1917)

Aber der Triumph ließ auf sich warten. Es zeigte sich, daß die Übertragung des Syntheseverfahrens aus dem Labor in großtechnische Dimensionen äußerst schwierig war. Adolf Baeyer hatte die *Zimtsäure*, eine organische Verbindung, als Ausgangsbasis benutzt, und diese Substanz erwies sich als zu teuer. Die Suche nach preisgünstigeren Synthesen begann. 1882 fand Baeyer selbst einen neuen Weg. Er ging diesmal vom *Toluol* aus, einer farblosen Flüssigkeit, die sich aus Steinkohlenteer gewinnen läßt. Toluol ist aber im Steinkohlenteer nur in geringen Mengen vorhanden. Verarbeitet man mehr Teer, so fallen mehr Nebenprodukte an, die sich nicht verkaufen lassen. Eines dieser Nebenprodukte ist Benzol. Wenige Jahrzehnte später reißt sich die Welt um Benzol als Motortreibstoff. 1882 aber hat der Siegeszug des Automobils noch nicht begonnen. Benzol ist lästig, unverkäuflich. Also kann man auch Toluol für die Indigosynthese nicht in größeren Mengen produzieren. Das Verfahren bleibt im Laboratorium stecken.

Wieder zeigt sich die Abhängigkeit eines chemisch-technischen Verfahrens von der Marktlage. Preis der Ausgangsstoffe und Absatz der Nebenprodukte entscheiden oft über das Schicksal einer Synthese, die in den Retorten des Chemikers ideal aussieht. Die Chemie ist eng mit der Gesamtstruktur der Wirtschaft verflochten.

Weitere Synthesen werden gesucht und gefunden. Viele andere Farbstoffe hat die Teerchemie aus dem Feld geschlagen und durch künstliche Substanzen ersetzt, die leuchtender, lichtechter und vor allem billiger sind. Nur am

Indigo scheint die Fachwelt zu scheitern. Die Farbwerke Hoechst investieren 5 Millionen Mark, die Badische Anilin- und Sodafabrik steht an der Grenze ihrer finanziellen Leistungsfähigkeit. Sie hat alles auf die Karte Indigo gesetzt und 18 Millionen Mark dafür ausgegeben – eine ungeheure Summe am Ende des vorigen Jahrhunderts! Endlich gelingt den beiden Firmen der entscheidende Schritt. Unabhängig voneinander stoßen sie auf Verfahren, die so *billige Ausgangsstoffe* (Naphthalin) benötigen, daß der Kampf mit dem Naturprodukt aufgenommen werden kann. 1897 kommt der erste künstliche Farbstoff Indigo auf den Markt. In diesem Jahr kostet Naturindigo im Handel je Kilogramm 18 bis 20 Mark. Die deutschen Firmen bieten den synthetischen Farbstoff für 16 Mark je Kilogramm an. Die Plantagenbesitzer auf Java und in Britisch-Indien senken den Preis. Die Chemiker gehen mit. Und sie haben den längeren Atem: Schon 1900 führt Deutschland keinen Naturindigo mehr ein. Der Weltmarkt ist ruiniert. Die Plantagen werden in Ackerland umgewandelt. Wieder wird Indigo ausgeführt, aber dieses Mal aus dem Erzeugerland in Europa: 1913 exportiert Deutschland mehr als 33000 Tonnen *synthetischen Indigo* im Wert von 54 Millionen Mark in alle Länder, die vorher Kunden der Plantagenbesitzer gewesen waren.

Am Indigo konnte die Chemie zeigen, daß es ihr nicht nur möglich war, neue Farbstoffe zu erfinden, sondern daß sie auch vorhandene Produkte exakt zu imitieren vermochte. Nun, da sie den Triumph gefeiert hatte, begann sie, ihre Stellung auszubauen. Das Molekül des Indigos ließ sich chemisch abwandeln, und man erhielt dabei zum Teil noch bessere, noch echtere Farben. Aber auch auf der Basis ganz anderer Molekülstrukturen eröffneten sich neue Möglichkeiten. So führte zum Beispiel von dem Kohlenwasserstoff Anthracen ein Weg zu einer Blautönung mit noch heute unerreicht günstigen Eigenschaften. Der Name *Indanthrenblau* erinnert daran, daß der Indigo und das Anthracen dabei Pate gestanden haben.

Noch einmal begegnen sich der antike Purpur und der nunmehr so modern anmutende Indigo. Die Farbtechniker haben die Purpurtönung der Kaiserzeit längst vergessen. Ja, sie würden jene rotvioletten Streifen an der Tunica eines römischen Senators vielleicht sogar mit einem geringschätzigen Blick betrachten, verwöhnt von der Farbenfülle moderner Chemieprodukte. Und doch erinnerte sich ein deutscher Wissenschaftler im Jahre *1908* noch einmal des antiken Purpurs: *Paul Friedländer* kaufte rund 12000 Purpurschnecken auf und gewann daraus 1,4 Gramm reinen Purpurfarbstoff: Die chemische Analyse entzauberte ein jahrtausendealtes Symbol: Der Chemiker Friedländer fand, daß es sich bei Purpur um eine organische Verbindung mit dem Namen *6,6'-Dibromindigo* handelte. Beide Farbstoffe – Purpur und Indigo – leiten sich also vom gleichen molekularen Grundgerüst ab; die Schnecke bedient sich bei ihrer Purpurbereitung derselben biochemischen Substanz wie die Pflanze bei der Herstellung des Indigofarbstoffes!

Es wäre nun der chemischen Industrie ein leichtes gewesen, echten Purpur in beliebigen Mengen synthetisch herzustellen. Sie produzierte ja auch Indigo großtechnisch. Aber die Entwicklung war über die Farbe der Kaiser hinweggegangen: schönere Farben hatten sich durchgesetzt.

Die moderne Farbenindustrie hat Naturfarben entweder molekülgetreu imitiert (wie beim Indigo) oder durch qualitativ bessere und billigere Syntheseprodukte auf anderer Strukturgrundlage ersetzt. Die Färbetechnik ist heute eine Domäne der Chemie.

Von Kautschuk zu Buna

Bei der Entdeckung Amerikas fiel den Europäern eine Substanz in den Händen der Eingeborenen auf, die die Indianer *Kautschuk* nannten. Man gewann sie als klebrige, wasserabstoßende Masse aus dem Harz eines Baumes und verwendete sie zum Abdichten der Boote und Schuhe. Nach dem Erhärten war das Material elastisch. Seltsamerweise brachte man erst im 18. Jahrhundert größere Mengen zur wissenschaftlichen Untersuchung in die Alte Welt. Die Chemiker stellten fest, daß Kautschuk sich in Terpentinöl auflöste und beim Verdunsten der Flüssigkeit wieder in seinen alten Zustand überging. Hierdurch wurde eine bessere Formbarkeit möglich.
So wichtig sich diese Entdeckung auch erweisen sollte, brachte sie doch dem 18. Jahrhundert noch keinen Nutzen. Man verwendete Kautschuk lediglich als Radiergummi für Bleistiftstriche. Erst *um 1820* (Vergleich: Metternich in Österreich) nutzt der schottische Chemiker *Charles Mackintosh* die Möglichkeit, Kautschuk aufzulösen und wieder auszuscheiden: Er trägt die klebrige Masse zwischen zwei Stoffschichten auf und macht diese dadurch wasserdicht. Es ließ sich allerdings nicht verheimlichen, daß die wetterfesten Mäntel und Umhänge keineswegs so ideal waren, wie es zunächst aussah. Im Sommer wurden sie klebrig, im Winter erhärteten die Kleidungsstücke und zerbröckelten buchstäblich!
Daß der Engländer noch heute seinen »Mackintosh«, seinen Regenmantel, trägt, verdankt er einer Erfindung, die den Kautschuk zu einem weitgehend temperaturunempfindlichen Stoff werden ließ und damit die Fertigung von wasserdichten Geweben weiterhin gestattete. *1839* fand der Amerikaner *Goodyear* das Verfahren, den Naturkautschuk zu vulkanisieren und damit zu Gummi im modernen Sinn zu machen. Bei der *Vulkanisation* wurde das Rohmaterial mit Schwefelpulver durchmischt und erhitzt. Dadurch verlor die Masse ihre Klebrigkeit und wurde gegen äußere Einflüsse unempfindlicher. Später wurden die Methoden der Vulkanisation verbessert. Man lernte, Hitze zu meiden, und bemerkte auch, daß die Zugabe größerer Mengen von Schwefel einen viel härteren, weniger elastischen Gummi, den Hartgummi, lieferte. In demselben Maße, in dem die Zahl der herstellbaren Gummisorten wuchs, vermehrten sich auch die Möglichkeiten der Anwendung. Um die Mitte des vorigen Jahrhunderts begann Europa, in immer größerem Maßstab den Rohstoff Kautschuk zu importieren.
Material der besten Qualität ließ sich aus dem Milchsaft eines südamerikanischen Baumes gewinnen, den die Botaniker Hevea brasiliensis genannt hatten. Sein Vorkommen beschränkte sich auf die Urwälder des tropischen Amazonasgebietes in Brasilien. Der Kautschukbaum wuchs allerdings nicht in dichten Beständen, sondern nur verstreut im Urwald. Der sumpfige Untergrund, die Gefahren der Wildnis und nicht zuletzt das mörderische Klima

forderten ungeheure Opfer unter den Eingeborenen, die den Milchsaft zapfen mußten. Es ist bezeichnend für die Kurzsichtigkeit der damaligen brasilianischen Regierung, daß sie nicht Plantagen anlegte, wie dies ja etwa bei Kaffee oder Tabak schon lange üblich war. Eine Nutzung im *Plantagenbau* hätte Ertrag und Qualität bedeutend steigern können. Die einzige Maßnahme, die die Regierung ergriff, war der Erlaß eines strengen Ausfuhrverbots für Samen und Stecklinge des Kautschukbaumes.

Verbote haben ein Monopol nie halten können. Das gilt sowohl für Naturprodukte als auch für chemische Verfahren. In dem Maße, in dem das Bedürfnis nach allgemeiner Verwendung steigt, nimmt auch die Tendenz zu einer Umgehung des Monopols zu. So hat etwa China in früherer Zeit nicht verhindern können, daß die Seidenraupenzucht nach Europa exportiert wurde. In moderner Zeit sind die Sabotagefälle auf dem Gebiet der Atomwaffen ein Beispiel für die Unwirksamkeit von Verboten.

Durch Schmuggel gelangten Samen der Hevea brasiliensis nach England. Die Aufzucht der ersten 2800 Pflänzchen glückte, und man konnte alsbald in den tropischen Kolonien Plantagen anlegen. 1907 kamen die ersten tausend Tonnen aus britischen Besitzungen auf den Markt. Das Schicksal der Wirtschaftsmacht Brasilien war besiegelt. Um die Jahrhundertwende hatten die Urwälder Südamerikas noch den gesamten Kautschuk geliefert; 1910 waren es nur noch 88%, 1920 noch 11% und 1930 nur mehr 2%. Briten und Holländer hatten mit ihren Plantagen in Süd- und Südostasien die Nachfolge angetreten.

Aber auch den neuen Produzenten drohte Gefahr, diesmal von seiten der Chemie. Wie die Fabriken schon den Anbau von Indigo unrentabel gemacht hatten, so synthetisierten sie jetzt einen Stoff, der dem Naturkautschuk überlegen war: *Synthesekautschuk*. Man hatte zunächst versucht zu erfahren, woraus Kautschuk bestand. Destillation unter Luftabschluß lieferte einen Kohlenwasserstoff, das Isopren. Dies ist ein farbloses Öl, das sich in seiner Formel vom Butadien dadurch ableiten läßt, daß es zusätzlich eine Methylgruppe enthält. Außer der Tatsache, daß sich Kautschuk in Isopren spalten läßt, hatte man auch schon etwas anderes bemerkt: Aus Isopren bildet sich – etwa mit Salzsäure – umgekehrt auch eine Masse, die praktisch Kautschuk darstellt. Um 1900 stand fest, daß man aus Isopren durch Zusammenlagerung vieler Moleküle (Polymerisation) eine Art Kautschuk machen könne – wenn nur genügend Isopren zur Verfügung stand! Aber gerade daran war Mangel. Es gab damals noch keine billige Methode einer großtechnischen Herstellung. So lag denn der Versuch nahe, eine ähnliche, aber preisgünstigere Verbindung durch *Polymerisation* in Kautschuk zu verwandeln. Experimente dieser Art stellte *Fritz Hofmann* seit *1906* an. Hofmann war als Wissenschaftler bei den Elberfelder Farbwerken Bayer tätig. Damals lag das Kautschukproblem nur am Rande, und so mußte seine Abteilung mit einer jährlichen Summe von 100000 Mark auskommen. Die Forschungen waren auf 10 Jahre geplant. Die Erfolge, die Hofmann trotz des niedrigen Budgets erzielte, waren beachtlich.

Es zeigte sich bald, daß man bessere Polymerisate erhielt, wenn man statt Isopren (Methylbutadien) das *Dimethylbutadien* verwendete. In diesem Stadium befanden sich die Versuche, als 1914 der Erste Weltkrieg ausbrach. Jetzt stand man in Elberfeld vor der Aufgabe, Deutschland mit künstlichem

Gummi zu versorgen, da die Einfuhren des Naturprodukts fast völlig ausfielen. Von 1914 bis 1918 verließen etwa 2400 Tonnen »Kriegskautschuk« auf der Basis von Dimethylbutadien das neu errichtete Werk Leverkusen bei Köln. Schon der Name sagte, daß die Qualität nicht befriedigen konnte. Als Hartgummi, etwa für die Akkumulatorenkästen der U-Boote, war er noch einigermaßen brauchbar, aber der Weichgummi, aus dem man in der Not Autoreifen herstellte, ließ sehr zu wünschen übrig. Kein Wunder, daß nach dem Krieg kein Bedürfnis bestand, die Experimente fortzusetzen. Der Naturkautschuk trat wieder allein die Herrschaft an.

Wie wichtig das Auftreten von synthetischem Kautschuk auf dem Weltmarkt gewesen wäre, zeigt die Willkür, mit der die Preise für Naturkautschuk sich änderten. 1910 wurde für ein Kilogramm der höchste je erreichte Preis gezahlt: 28 Mark. 1921 war er durch das Überangebot nach dem Krieg auf 1,50 Mark je Kilogramm gefallen. 1926 wurden wieder 9 Mark gezahlt, doch 1931 zwang die allgemeine Weltwirtschaftskrise, das Kilogramm Kautschuk für 25 Pfennige zu verschenken! Wie sollte da ein Fabrikant kalkulieren! Ein guter Synthesegummi hätte das Preisgefüge zweifellos stabilisiert.

Erst 1926 trat die deutsche Chemie auf dem Sektor der Kautschuksynthese wieder in Erscheinung. In diesem Jahr schlossen sich namhafte deutsche Chemiewerke, darunter auch die Elberfelder Fabriken, zu einer Interessengemeinschaft zusammen, dem *IG-Farben-Konzern*. Die damit erreichte Kapitalmacht konnte nun wieder wichtige Forschungsaufgaben großzügig unterstützen, und so begann unter anderem in den Leverkusener Kautschukwerken neues Leben. Neu war auch der Ausgangsstoff für die Synthese: Man benutzte jetzt das *Butadien* selbst, nicht mehr seine Methylverbindungen. Die grundlegenden Untersuchungen, die Fritz Hofmann am Butadien angestellt hatte, kamen der IG-Farbenindustrie dabei zugute. Zunächst gelang es, ein Verfahren zu finden, Butadien in beliebigen Mengen billig herzustellen. Dieses farblose Gas läßt sich über einige Zwischenstufen aus *Acetylen* gewinnen. Acetylen jedoch ist letzten Endes aus Kalk und Kohle, den billigsten Rohstoffen, zu erhalten. Gummi aus Kalk und Kohle! Besaß man nun erst einmal das Butadien, so war das Ziel nicht mehr fern. Unter den verschiedensten Bedingungen lagerten sich Butadienmoleküle zu Kautschukarten mit den verschiedensten Eigenschaften zusammen, Eigenschaften, die man also ganz nach Wunsch für den betreffenden Zweck variieren konnte! Darin lag der Vorteil gegenüber dem Naturkautschuk.

Den gleichen Vorteil können ja die modernen Kunststoffe für sich buchen: Sie ersetzen fast alle herkömmlichen Werkmaterialien vom Holz bis zum Eisen und übertreffen in den meisten Fällen die Naturprodukte dadurch, daß sie mehrere Eigenschaften, die dort nicht gemeinsam vorhanden sind, auf ein und denselben Kunststoff vereinigen.

Als Name für den neuen deutschen Kunstkautschuk bürgerte sich überraschend schnell in der ganzen Welt das Wort »*Buna*« ein, obwohl es eigentlich nur eine bestimmte Sortengruppe bezeichnete. Aus *Bu*tadien und dem zur Polymerisation benutzten *Na*triummetall wurde Buna.
1935 begann in Deutschland die großtechnische Gewinnung. Hatte man bisher vor allem in Leverkusen und Ludwigshafen gearbeitet, so errichtete man jetzt Bunafabriken auch in Hüls bei Recklinghausen, Auschwitz und Schkopau. 1,5 Milliarden Mark wurden hierfür aufgewendet. Wie wichtig

diese Fabriken werden sollten, zeigte sich bei Ausbruch des Zweiten Weltkrieges. Sie allein ermöglichten die Versorgung Deutschlands mit Kautschukwaren aller Art, vor allem natürlich Autoreifen. 500000 Tonnen Buna wurden bis Kriegsende in den genannten Werken erzeugt. Die Qualität war hervorragend.

Auch andere Länder hatten sich dem Problem der Kautschuksynthese erfolgreich zugewandt. Neben der Sowjetunion waren es vor allem die USA, die seit etwa 1934 guten Kunstgummi produzierten. Auch hier ging man von Acetylen aus, schlug aber einen etwas anderen Weg über chlorhaltige Verbindungen ein.

In Rußland war der Staat der Schirmherr für die Kautschuksynthese. In den USA stand ein nicht minder mächtiger Geldgeber hinter den Chemikern, der *Du Pont-Konzern*. Verglichen mit diesem Machtblock, bedeuteten die IG-Farbenwerke wenig. Die Großaktionäre von Du Pont kontrollierten zugleich auch die General Motors Autowerke und die größten amerikanischen Gummifirmen. Es gab Jahre, in denen sich der Umsatz dieser Wirtschaftsriesen auf 16 Milliarden Dollar belief! Von diesen Milliarden können Millionen in die Forschung gesteckt werden. Dies ist der Vorteil großer Konzerne. Ihr Nachteil liegt in ihrer Macht: Sie drängen kleinere Betriebe rücksichtslos aus dem Geschäft.

Als der Zweite Weltkrieg ausbrach, hatte sich Deutschland mit Synthesewerken gut versorgt. Die Vereinigten Staaten waren jedoch trotz der Möglichkeit, Kautschuk in Fabriken herzustellen, weiterhin dabei geblieben, sich mit Naturkautschuk aus Hinterindien einzudecken. Die Handelsbeziehungen mit diesen Ländern wollte man durch Kündigung der bestehenden Kaufverträge nicht stören. Am 7. Dezember 1941 trat *Japan* in den Krieg gegen die USA ein. Innerhalb von vier Monaten beherrschten die Soldaten des Inselreiches alle Länder, die den Amerikanern bisher ihren Kautschuk geliefert hatten. Die Wirtschaft der Vereinigten Staaten stand vor einer Katastrophe. Sofort gab die amerikanische Regierung die Anweisung, mit einem Kostenaufwand von 750 Millionen Dollar Fabriken für synthetischen Kautschuk zu bauen. In wenigen Monaten standen diese Fabriken tatsächlich, arbeiteten und erzeugten noch im gleichen Jahr die ersten Tonnen des begehrten Rohstoffs. Eine Meisterleistung chemisch-technischer Organisation! Allein 1945 verließen 820000 Tonnen Kautschuk die staatlichen Synthesewerke.

Für Deutschland bedeutete der verlorene Krieg 1945 zugleich das Ende einer Vorrangstellung auf dem Gebiet der Chemie. Der IG-Farbenkonzern wurde »entflochten«, seine gesamten Forschungsberichte, Geheimverfahren und Patente in fremde Sprachen übersetzt und freigegeben. *Demontagen* vernichteten die Produktionsstätten. Unter den Produktionsverboten stand an erster Stelle das Verbot der Herstellung von synthetischem Gummi und synthetischem Benzin! Die Vereinigten Staaten wurden die Kautschukmacht der Erde. Sie hatten gezeigt, daß sie in der Lage waren, ihren Bedarf selbst zu decken. Trotzdem führten sie nach dem Krieg aus handelspolitischen Gründen wieder Naturkautschuk aus Hinterindien ein. Heute ergänzen sich bei dem ungeheuren Weltbedarf Natur- und Synthesekautschuk. Deutschland ist längst wieder in die Reihe der »Buna«-Produzenten aufgenommen worden, wenn auch die Handelsmarken ihren Namen gewandelt haben. Die Möglichkeiten der Variation sind ungeheuer. Elastizität, Härte, Abriebfestigkeit, Alterungsbeständigkeit, Widerstandsfähigkeit gegen Luft, Wasser, Ozon, Öl, Benzin, Wärme, Kälte – alles das zaubert die moderne Chemie in ihre Kautschuksorten hinein.

Kautschuk bietet ein Beispiel für den mehrfachen Wechsel einer Monopolstellung: Brasiliens Naturkautschuk wurde vom britischen Plantagenkautschuk verdrängt. Dieser wiederum konnte sich gegen den billigen und anpassungsfähigen Synthesekautschuk der chemischen Werke nicht behaupten. Die gegenwärtige »Koexistenz« der beiden Produkte ist lediglich eine Folge wirtschaftspolitischer Überlegungen.

Hochdrucksynthesen: Vom Ammoniak zum Benzin

Die Geschichte der Ammoniaksynthese beginnt eigentlich schon in der *Mitte des vorigen Jahrhunderts.* Damals zeigte *Justus von Liebig,* daß es nötig ist, die Felder künstlich zu düngen, wenn man ihre Ertragsfähigkeit erhalten will. Als Stickstoffdünger schlug er *Nitrate* vor. Diese Salze der Salpetersäure kamen in den Wüsten Chiles in riesigen Mengen vor und begründeten bald den wirtschaftlichen Reichtum des südamerikanischen Staates. Die Lager der Atacama-Wüste schienen den Bedarf für lange Zeit decken zu können. Dennoch blieb ein Gefühl des Mißbehagens: Alle Länder, die von den Lieferungen Chiles abhängig waren, strebten nach Selbstversorgung. Leider aber hatte die Natur nur wenige Salpeterlager geschaffen. So lag der Gedanke nahe, den *Stickstoff der Luft,* der ja in beliebigen Mengen zur Verfügung stand, in Verbindungsform überzuführen und letzten Endes in Nitrate zu verwandeln. Diesem Projekt standen jedoch erhebliche Schwierigkeiten im Wege. Vor allem erwies sich die feste Bindung der Stickstoffatome im Stickstoffmolekül der Luft (N_2) als nachteilig. Man mußte diese Bindung erst unter Aufbietung großer Energiemengen sprengen, ehe man an eine weitere Reaktion denken konnte.
Bis zum Ende des vorigen Jahrhunderts kam man über Laborversuche nicht hinaus. Der französische Chemiker *Pierre Berthelot* stellte *1866* eine Reaktion von Carbid mit Stickstoff fest. Auch wußte man, daß Aluminium sich unter Flammenerscheinung mit Stickstoff zu einem bläulichgrauen Pulver (Aluminiumnitrid) vereinigte. Aber diese Reaktionen eröffneten damals keine technischen Möglichkeiten.
Größeres Interesse fand ein Verfahren der skandinavischen Chemiker *Birkeland* und *Eyde* aus dem Jahre *1903:* Bei den hohen Temperaturen des Lichtbogens reagierten die Luftbestandteile Stickstoff und Sauerstoff unter Bildung von Stickoxid:

$$N_2 + O_2 \rightarrow 2\,NO$$

Stickoxid vereinigt sich spontan mit weiterem Sauerstoff zu Stickstoffdioxid, das mit Wasser in Salpetersäure übergeht:

$$2\,NO + O_2 \rightarrow 2\,NO_2$$
$$4\,NO_2 + 2\,H_2O + O_2 \rightarrow 4\,HNO_3$$

Salpetersäure aber ist eine Schlüsselsubstanz. Man kann von ihr aus sowohl zu den Nitraten als auch zu Sprengstoffen und organischen Syntheseprodukten kommen. Das Birkeland-Eyde-Verfahren hatte jedoch den großen Nachteil, daß der Lichtbogen große Mengen elektrischen Stroms erforderte.
Deshalb suchte man schon *um die Jahrhundertwende* nach anderen Möglichkeiten. Der Leiter des chemischen Laboratoriums der Technischen Hochschule Karlsruhe, *Fritz Haber*, prüfte die Bedingungen für eine Bildung von Ammoniak aus den Elementen. Die Arbeiten hatten zunächst theoretischen Charakter. Man suchte nach einem *Katalysator*, der die Reaktion zwischen Luftstickstoff und Wasserstoff beschleunigen sollte. Eisen erwies sich als

Fritz Haber
(9. 12. 1868–29. 1. 1934)

Carl Bosch
(27. 8. 1874–26. 4. 1940)

schwach wirksam. Haber entnahm den Versuchen aber die wichtige Feststellung, daß eine Druckerhöhung die Ammoniakausbeute steigern, eine Temperaturerhöhung sie dagegen senken müsse. Hoher Druck und niedrige Temperatur, gekoppelt mit der Aktivität eines wirksamen Katalysators – das war das Rezept für eine Gewinnung von Ammoniak aus Stickstoff und Wasserstoff. In den nächsten Jahren erwiesen sich Osmium und Uran als brauchbare Helfer bei der Synthese. 1908 war Fritz Haber so weit, daß er der Badischen Anilin- und Sodafabrik (BASF) ein Konzept vorlegen konnte: 100 bis 200 Atmosphären Überdruck und 500° C bis 600° C müßten bei einem geeigneten Katalysator wie Osmium oder Uran das Verfahren technisch möglich machen. Die BASF kaufte die Patentrechte an und beauftragte den jungen Chemiker *Carl Bosch* mit der Ausarbeitung der Synthese im industriellen Maßstab.
Apparaturen, in denen man bei Rotglut einen Druck von einigen hundert Atmosphären erzeugen konnte, gab es 1908 noch nicht. So wurden die Männer der Arbeitsgruppe Bosch zu den Pionieren der *Hochdruckchemie*.

Oben: Die Badische Anilin- und Sodafabrik (BASF) Ludwigshafen am Rhein im Jahre 1866 – ein Jahr nach ihrer Gründung

Unten: So sieht die BASF hundert Jahre nach ihrer Gründung aus: Luftbild aus dem Jahr 1965

Drei Aufgabenbereiche galt es zu koordinieren: Beschaffung billiger Rohstoffe, Auswahl der besten Katalysatoren und Bau der geeigneten Apparaturen.
Im *Generatorgas* stand Stickstoff zur Verfügung. Das *Wassergasverfahren* mußte indessen erst so weit verbessert werden, daß der Wasserstoff in bisher nicht erreichter Reinheit anfiel. Elektrolysegas war zwar besonders »sauber«, kam aber wegen seines hohen Preises nicht in Betracht.
Uran und Osmium zeigten sich als wenig befriedigende Katalysatoren, da sie gegen »Vergiftung« sehr anfällig waren. Die geringsten Verunreinigungen der Gase Stickstoff oder Wasserstoff machten sie unwirksam.

Werke, die in der Forschung tätig sind, können meist nicht voraussehen, welche Materialien sich in den nächsten Jahren als wertvoll und notwendig für weitere Arbeiten erweisen werden. So müssen oft beträchtliche Investitionen »auf Verdacht« getätigt werden. Es spricht für die Großzügigkeit der BASF, daß sie den damals nur einige Kilogramm betragenden Weltvorrat an dem Metall Osmium allein auf die Möglichkeit einer Verwendung hin aufgekauft hatte!

Nach langen Versuchen fanden dann *Alwin Mittasch (1869–1953)* und seine Mitarbeiter Mischkatalysatoren aus Eisen, Molybdän und Aluminiumoxid, die an die Stelle von Uran und Osmium treten konnten.
Die größten Schwierigkeiten bereiteten jedoch die Werkstoffe für die Reaktionsöfen. Kein chemisches Unternehmen arbeitete damals mit Materialien, die einem Druck von 200 Atmosphären bei der Temperatur von 500° C standhielten. Experimente mit Kupfer- und Stahlgefäßen deuteten bald auf das Problem der *Hochtemperaturkorrosion* hin: Der Kohlenstoff, der im Stahl vorhanden ist, reagiert unter den genannten Bedingungen mit dem Wasserstoff zu Methan CH_4. Dadurch aber verliert die Gefäßwand ihre Festigkeit. Die Lösung brachte eine geniale Idee Boschs: Man mußte den Angriff des Wasserstoffs dadurch unwirksam machen, daß man ein kohlenstofffreies Futterrohr mit einem harten, kohlenstoffhaltigen Mantelrohr umgab. Da die Zerstörungen von der Temperatur, dem Diffusionsdruck des Wasserstoffs und der Größe der mechanischen Spannung abhängen, verliert sich die Wirkung, wenn man dafür sorgt, daß der hindurchdiffundierende Wasserstoff am Übergang vom Futter zum Mantel mit Hilfe von Durchbohrungen des Mantels drucklos entweichen kann.
Im März 1911 bewies der erste derartige *Kontaktofen* seine Brauchbarkeit. Noch zwei Jahre mußten vergehen, bis die Synthese großtechnisch reif war. Eine Unzahl von Verbesserungen auf dem Gebiet der Hochdruckkompressoren, Druckwaagen, Dichteschreiber, Sauerstoff- und Kohlendioxidmesser und Sicherheitsvorkehrungen wurde im Laufe der Zeit vorgenommen.
Im Jahre 1913 wurde das erste Ammoniakwerk nach dem *Haber-Bosch-Verfahren* in Oppau bei Ludwigshafen eingeweiht. Schon im folgenden Jahr führte Bosch das von *Wilhelm Ostwald (1853–1932)* angegebene *Ammoniakverbrennungsverfahren* zur Erzeugung von Salpetersäure in Oppau ein:

$$4\ NH_3 + 5\ O_2 \rightarrow 4\ NO + 6\ H_2O$$

Die Darstellung des wichtigen Düngemittels Ammoniumsulfat gelang ohne Verwendung der teuren Schwefelsäure mit Hilfe des billigen, einheimischen Gipses:

$$2\ NH_3 + H_2O + CO_2 + CaSO_4 \rightarrow (NH_4)_2SO_4 + CaCO_3$$

Da brach 1914 der Erste Weltkrieg aus. Die Herstellung von Salpetersäure für Zwecke der Kriegführung (Schießpulverproduktion) trat in den Vordergrund. Trotz Erweiterung des Oppauer Werkes konnte der Bedarf nicht gedeckt werden. So wuchs 1916/17 das *Leunawerk* bei Merseburg buchstäblich aus dem Boden: 11 Monate nach Baubeginn – und unter welchen Umständen mußte damals gebaut werden! – verließ der erste Ammoniak das Leunawerk.
Die Umstellung auf Düngemittel am Ende des Krieges fiel den beiden Fabriken nicht schwer. Schon bald wurde Deutschland zum billigsten Stickstoffproduzenten der Welt. Das Verfahren von Haber und Bosch hatte sich bewährt. Die Verleihung von Nobelpreisen an die beiden Forscher würdigte ihre Arbeit.

Friedrich Bergius
(11. 10. 1884–30. 3. 1949)

Darüber hinaus mußte aber die Entwicklung der Hochdruckapparaturen auch andere Synthesen fördern, bei denen hohe Drucke und Temperaturen die Ausbeute verbesserten. *Friedrich Bergius,* kurz vor dem Ersten Weltkrieg Privatdozent an der Technischen Hochschule Hannover, hatte schon damals Experimente durchgeführt, die die Möglichkeit eröffneten, Benzin aus Kohle und Wasserstoff zu synthetisieren. Da der Vorgang aber Hochdruckapparaturen erforderte, war Bergius über Laborversuche nicht hinausgekommen. Um 1925 beschloß man, ein Werk für »*Leuna-Benzin*« bei Merseburg zu bauen. Die Entwicklung geeigneter Katalysatoren und die Verbesserung der technischen Abläufe verschlangen zwar noch Millionenbeträge, aber letzten Endes vermochte das Benzin aus der Kohle im Zweiten Weltkrieg den Ausfall des Erdöls aufzufangen.

Inzwischen war im Fischer-Tropsch-Verfahren noch eine weitere Methode für die Benzingewinnung hinzugekommen. Sie arbeitete jedoch bei normalem Druck, erforderte also nicht die Apparaturen, die Bergius benötigte.

Nicht nur die Benzinsynthese profitierte von den Hochdruckerfahrungen bei der Ammoniakgewinnung. Alwin Mittasch, der schon für Bosch und Haber mehr als 10000 chemische Substanzen auf ihre katalytische Wirksamkeit geprüft hatte, lieferte nach dem Ersten Weltkrieg auch Katalysatoren für die Herstellung von *Methanol* aus den billigen Rohstoffen Kohlenmonoxid und Wasserstoff. Sie sind als Bestandteile des Wassergases leicht zugänglich. Seit 1923 lieferte Leuna auch Methanol und erschloß auf diese Weise neue Substanzen, die bisher wegen des hohen Preises des Alkohols nicht wirtschaftlich durchführbar gewesen waren.

Die Entwicklung der Hochdruckapparaturen für das Ammoniakgewinnungsverfahren nach Haber und Bosch erschloß für die Chemie ein Neuland. In der Folgezeit wurde es möglich, auch andere Synthesen mit derartigen Geräten in die Praxis zu übertragen: Benzin nach Bergius aus Kohle und Wasserstoff, Methanol aus Wassergas.

Wichtige Begriffe

Aldehyde	erste Oxidationsprodukte der primären Alkohole. Sie sind durch die Gruppe —CHO gekennzeichnet (der Name geht auf Justus von Liebig zurück und leitet sich von der Bezeichnung »Alcohol dehydrogenatus« ab – »Alkohol, dem man Wasserstoff entzogen hat«
Amine	entstehen aus aromatischen Nitroverbindungen durch Reduktion. Sie enthalten die Amino-Gruppe $—NH_2$
Assimilation	Photosynthese (Erzeugung von Nährstoffen aus anorganischen Substanzen unter Lichteinwirkung in Anwesenheit von Chlorophyll); im weiteren Sinn auch Chemosynthese (Erzeugung von Nährstoffen aus anorganischen Substanzen ohne Licht und Chlorophyll durch chemische Prozesse)
Carbonsäuren	Oxidationsprodukte der Aldehyde. Sie sind durch die Carboxyl-Gruppe —COOH gekennzeichnet
Derivate	Abkömmlinge
Detergentien	(synthetische Waschmittel) seifenfreie waschaktive Substanzen
Dextrose	Traubenzucker
dissoziieren	in Ionen aufspalten
energetisch	im Hinblick auf die Energiebilanz einer Reaktion
Enzym	im Aufbau den Eiweißstoffen nahestehender Wirkstoff, der im Organismus selbst gebildet wird und bestimmte chemische Reaktionen beeinflußt (vgl. Katalysator)
Ester	Produkt, das aus Alkohol und Säure unter Wasseraustritt entsteht
Fehlingsche Lösung	Reagenz auf Aldehyde, bestehend aus einer seignettesalzhaltigen, alkalischen Kupfersulfatlösung
Ferment	siehe Enzym
fraktionierte Destillation	Zerlegung des Rohöls in einzelne Stoffgruppen bestimmter Siedepunkte
Glucose	siehe Dextrose
Fructose	Fruchtzucker
homolog	im Aufbau einander entsprechend
Hormon	ein den Enzymen vergleichbarer Stoff, der durch eine Drüse innerer Sekretion in das Blut abgegeben wird und andere Organe in ihrer Tätigkeit beeinflußt. Im Unterschied zu den Enzymen (stets mit Eiweißstoffen verwandt) können Hormone den verschiedensten Stoffklassen angehören

Hydrierung	Anlagerung von Wasserstoff
hydrophil	wasserfreundlich
Hydroxide	Verbindungen von Elementen oder Radikalen mit Hydroxid-Gruppen (OH-Gruppen)
hygroskopisch	feuchtigkeitsanziehend
Indikator	chemische Substanz, die das Vorhandensein eines anderen chemischen Stoffes anzeigt
Ionen	elektrisch geladene Atome oder Atomgruppen
Isomerie	Erscheinung, daß Verbindungen mit gleicher Bruttoformel, aber verschiedener Strukturformel unterschiedliche Eigenschaften aufweisen
Isotop	Atome mit gleicher Protonen- und Ordnungszahl, aber unterschiedlicher Neutronenzahl
Katalysator	Stoff, der einen chemischen Vorgang beschleunigt, ohne am Ende der Reaktion selbst verändert worden zu sein
Keto-Gruppe	die organische Gruppe $>C{=}O$
Konfiguration	Zugehörigkeit einer optisch aktiven Verbindung zur sogenannten D- oder L-Form
Konverter	Kippgefäß bei der Stahlveredelung
Lactose	Milchzucker
Lävulose	siehe Fructose
lipophil	fettfreundlich
Maltose	Malzzucker
Mesomerie	Erscheinung, daß von einer chemischen Verbindung zwei oder mehr Grenzformen existieren, die sich nur durch andere Verteilung der Bindungselektronen voneinander unterscheiden
Nitroverbindungen	entstehen aus aromatischen Kohlenwasserstoffen durch Einwirkung von Nitriersäure. Sie enthalten die Nitro-Gruppe $—NO_2$
Partikel	kleine Teilchen
Petrochemie	Chemie des Erdöls
pH-Wert	negativer Logarithmus der Wasserstoffionenkonzentration einer Lösung
Phlogistontheorie	veraltete Theorie, wonach beim Verbrennen eines Stoffes aus diesem das »Agens« Phlogiston entweicht
Polykondensation	Vereinigung vieler Moleküle unter Wasseraustritt zu einem Makromolekül
Polymerisation	Vereinigung vieler Moleküle, die Doppelbindungen enthalten, unter Aufrichtung dieser Bindungen zu einem Makromolekül ohne Wasserabspaltung
Proteine	einfache Eiweißstoffe, die bei ihrer Zerlegung ausschließlich Aminosäuren liefern

Quanten	nach der Quantentheorie wird Energie zwischen allen Stoffen nur in Form kleinster Energieportionen, Quanten, ausgetauscht. Man kann die Quanten mit »Energieatomen« vergleichen
Radikale	Molekülgruppen mit freien Wertigkeiten, die für sich allein nicht beständig sind
Redoxvorgang	werden bei einem chemischen Vorgang Elektronen zwischen Partnern ausgetauscht, so wird definitionsgemäß der eine Partner reduziert, der andere oxidiert. Man spricht dann insgesamt von einem Redoxvorgang
Substitution	in der organischen Chemie Ersatz eines Wasserstoffatoms durch ein anderes Atom oder eine Atomgruppe
Tetraeder	Raumkörper mit vier Ecken, als Modell für das Kohlenstoffatom verwendet
Valenz	Fachausdruck für Wertigkeit
Vitamine	Nahrungsbestandteile, die im Gegensatz zu Nährstoffen (Eiweiß, Kohlenhydrate, Fett) keine Energie liefern, aber für den richtigen Ablauf des Stoffwechsels unentbehrlich sind. Ihre Wirksamkeit beruht darauf, daß sie entweder (als Koenzyme) die Stoffwechselvorgänge im Innern der Zellen katalysieren oder an bestimmten Stellen unmittelbar in den Stoffwechsel eingreifen
Wurtzsche Synthese	Verfahren, mit dessen Hilfe es gelingt, über die Halogenderivate höhere Kohlenwasserstoffe wie Äthan, Propan, Butan usw. aufzubauen

Lösungen der Aufgaben

Seite 16

1. $CH_3Cl + 2\,Na + ClCH_3 \longrightarrow 2\,NaCl + CH_3{-}CH_3$
2. $C_{70}H_{142}$

Seite 19

1. Ja. Isomere Verbindungen haben die gleiche Bruttoformel, wodurch gesagt ist, daß die Anzahl der Atome und damit das Molekulargewicht gleich sind.
2. 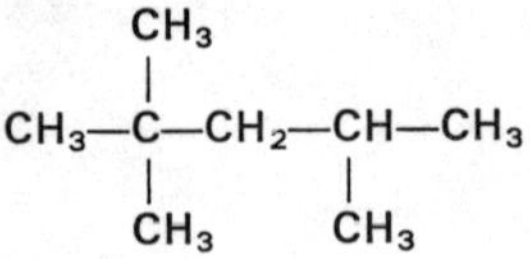

   2,2,4-Trimethyl-pentan

   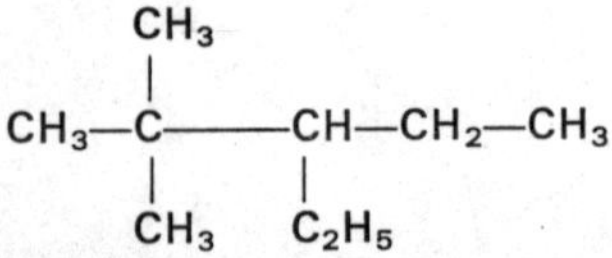

   2,2-Dimethyl-3-äthyl-pentan
3. 5-Methyl-hexan verwandelt sich in die Formel des 2-Methyl-hexans, wenn man das Molekülbild um 180 Grad dreht:

   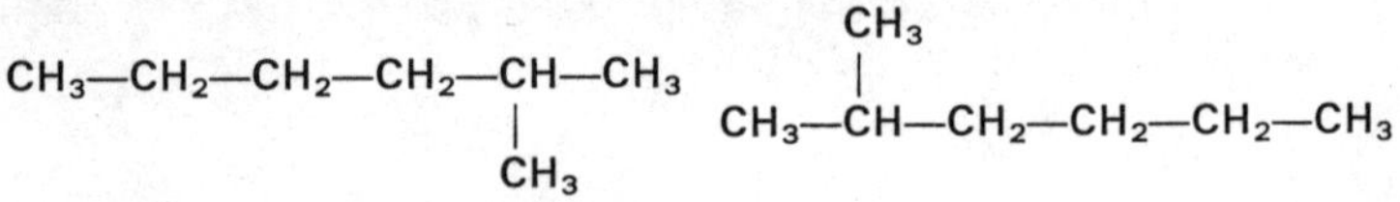

Seite 21

1. 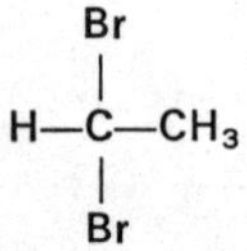

   1,1-Dibrom-äthan
2. 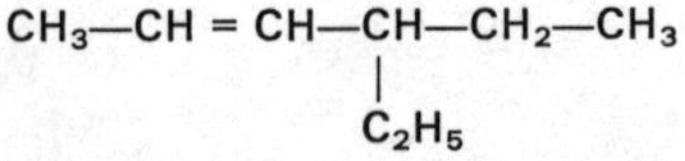

   4-Äthyl-hexen-(2)

Seite 23

1. $2\,C_2H_2 + 5\,O_2 \longrightarrow 4\,CO_2 + 2\,H_2O$
2. 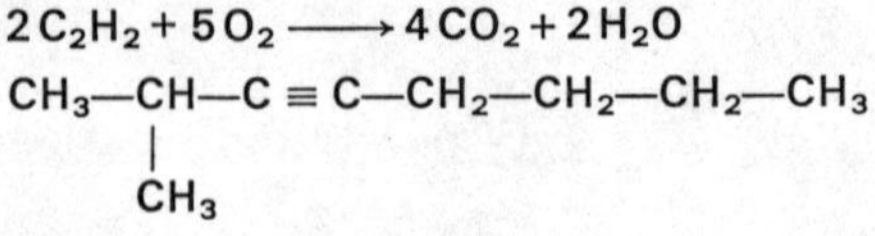

   2-Methyl-octin-(3)

Seite 26

1. Benzin ist ein Stoffgemenge aus verschiedenen Alkanen. Benzol ist ein Reinstoff, ein aromatischer Kohlenwasserstoff mit der Formel C_6H_6.
2. Mesomerie nennt man die Erscheinung, daß von einer chemischen Verbindung zwei oder mehr Grenzformeln existieren, die sich nur durch andere Verteilung der Bindungselektronen voneinander unterscheiden.
3. Bei der Metallbindung.

Seite 30

1. Enzyme wirken in der organischen Chemie wie die Katalysatoren der anorganischen Chemie: Sie beschleunigen durch ihre bloße Anwesenheit eine chemische Reaktion, ohne selbst dabei verändert zu werden. Da die Enzyme allerdings empfindliche Eiweißstoffe sind, läßt ihre Wirksamkeit mit der Zeit nach.
2. Der Alkohol verdampft.
3. Aus Kalkstein entsteht durch Brennen gebrannter Kalk (Calciumoxid) CaO. Hieraus läßt sich im elektrischen Ofen Calciumcarbid CaC_2 gewinnen. Calciumcarbid liefert mit Wasser Äthin C_2H_2. Äthin lagert Wasser zu Acetaldehyd an. Acetaldehyd wird hydriert zu Äthanol. Man kann also im Schnaps (Äthanol) »Kalkstein trinken«.

Seite 32

1. Die vier isomeren Butanole sind:

$CH_3—CH_2—CH_2—CH_2—OH$

n-Butanol-(1)

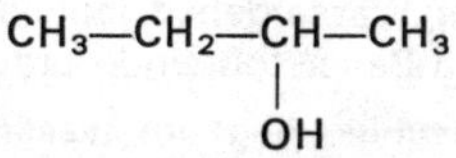

n-Butanol-(2)

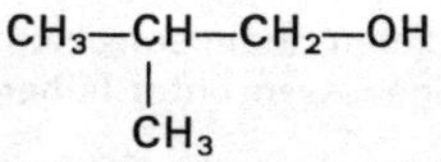

2-Methyl-propanol-(1)

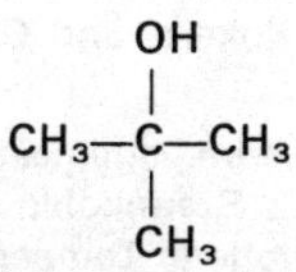

2-Methyl-propanol-(2)

2. Kohle $\longrightarrow$ Koks / Wasser $\longrightarrow$ Wassergas $\longrightarrow$ Methanol

Seite 35

1. Es bildet sich Äthanol: $CH_3—CHO + H_2 \longrightarrow CH_3—CH_2—OH$
2. $CH_3—CH_2—CH_2—CH_2—CH_2—CHO$

Seite 38

1. Man kann Natriumacetat auf dem Wege der Neutralisation aus Natronlauge und Essigsäure gewinnen:
   $NaOH + CH_3{-}COOH \longrightarrow H_2O + CH_3{-}COONa$
2. $CH_3{-}CH_2{-}CH_2{-}CH_2{-}CH_2{-}COOH$

Seite 41

1. $C_2H_5OH + C_3H_7COOH \rightleftharpoons H_2O + C_3H_7COOC_2H_5$
2. Ameisensäuremethylester: $HCOOCH_3$
   Essigsäureamylester: $CH_3COOC_5H_{11}$

Seite 42

1. 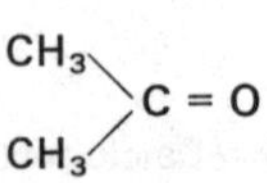 $+ \; 4\,O_2 \longrightarrow 3\,CO_2 + 3\,H_2O$
2. 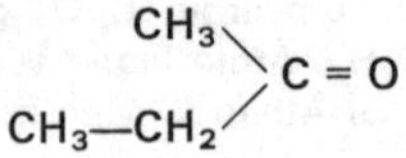

Seite 49

1. Inkohlung nennt man den in erdgeschichtlichen Zeiten ablaufenden Prozeß der Kohlebildung, wobei der Kohlenstoffgehalt des Materials zunimmt, der Wassergehalt jedoch abnimmt. Druck, Temperatur und das Fehlen von Sauerstoff sind Voraussetzung für die Inkohlung.
2. Der Unterschied liegt im wesentlichen bei den Endprodukten des jeweiligen Prozesses: Die Kokerei erzeugt in erster Linie hochwertigen Koks, das Gaswerk in erster Linie hochwertiges Gas. Aus diesem Grund verwenden Kokerei und Gaswerk unterschiedliche Kohlesorten als Ausgangsstoffe.
3. Steinkohle ist im allgemeinen älter, wird von dickeren Sedimentschichten überdeckt als Braunkohle und bildete sich infolgedessen unter höherem Druck und höherer Temperatur.

Seite 55

1. Verminderung des Druckes setzt den Siedepunkt herab. Unter normalem Druck würden sich manche Verbindungen eher zersetzen als verflüchtigen.
2. Vor der Motorisierung stand die Gewinnung von Leuchtpetroleum an erster Stelle.

Seite 61

1. Isomere Verbindungen haben gleiche Brutto-, aber verschiedene Strukturformeln. Das gilt auch für Dimethylbenzol und Äthylbenzol:

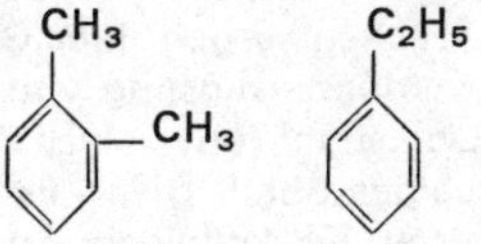

2. o-Bromtoluol oder 1-Methyl-2-brom-benzol
3.

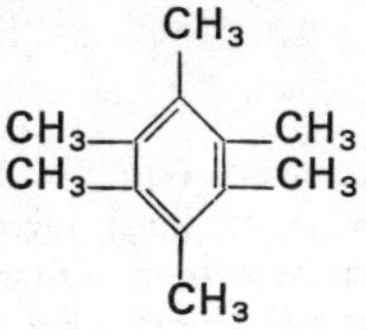

Seite 63

1. Nitroverbindungen enthalten die Nitrogruppe $—NO_2$. Im »Nitroglycerin« liegt jedoch die Nitratgruppe $—O—NO_2$ vor. Meist schreibt man für die Nitratgruppe einfach $—NO_3$.
2. Beim atomaren Wasserstoff sind die Wasserstoffatome gewissermaßen »auf der Suche nach einem Partner«. Sie vereinigen sich normalerweise miteinander zu molekularem Wasserstoff H_2. Sind jedoch andere Atome erreichbar, so reagiert der atomare Wasserstoff mit ihnen, was zur Reduktion führt.

Seite 67

1. Mineralöle sind Kohlenwasserstoffe, Speiseöle dagegen Ester von Fettsäuren.
2. Unter Hydrierung versteht man die Anlagerung von Wasserstoff. Da die ungesättigten Säuren im (flüssigen) Fett leicht Wasserstoff addieren, spricht man von Hydrierung der Fette.

Seite 74

1. Der Sulfatrest ist der starken Schwefelsäure zuzurechnen, die ebenso wie die Natronlauge fast vollständig dissoziiert ist. Somit hebt die alkalische Wirkung der Lauge die saure Wirkung der Säure auf: Detergentien mit Sulfatrest reagieren neutral.
2. $(C_{17}H_{35}COO)_2Mg$
3. Die harten Kristalle scheuern an den Fasern und zerstören sie mechanisch.
4. Der Rohstoff für Kohlenwasserstoffe war früher die Steinkohle. Heute ist an deren Stelle das Erdöl getreten.

Seite 79

1. Cystein, Cystin, Methionin.
2. Eine kolloidale Lösung, durch die Licht fällt, scheint trüb. Dies rührt davon her, daß die kolloidalen Teilchen wegen ihrer Größe das Licht streuen. Schickt man durch eine verdünnte Lösung von Hühnereiweiß von der Seite her einen kräftigen Lichtstrahl (etwa eines Projektors), so sieht man in der Flüssigkeit ein milchiges Band. Diese als Tyndall-Effekt bezeichnete Erscheinung ist typisch für kolloidale Lösungen.

Seite 82

1. Siehe Formelbild.
2. Fehlingsche Lösung wird reduziert von Traubenzucker, Fruchtzucker, Malzzucker und Milchzucker. Hier liegt jeweils eine reaktionsfähige Aldehydgruppe vor oder kann (wie beim Fruchtzucker) durch Umlagerung gebildet werden. Dies ist bei Rohrzucker nicht der Fall, weswegen diese Verbindung keine Reduktion Fehlingscher Lösung bewirkt.

Seite 84

1. Cellulose und Stärke lassen sich in Traubenzuckermoleküle spalten. Diese reduzieren Fehlingsche Lösung.
2. $(C_6H_{10}O_5)_n + 3n\,HNO_3 \longrightarrow 3n\,H_2O + (C_6H_7O_2(NO_3)_3)_n$

Seite 89

1. Gärungen verlaufen im strengen Sinn ohne Beteiligung von Luftsauerstoff. Beim »Sauerwerden« von alkoholischen Flüssigkeiten ist jedoch Luftzutritt erforderlich:
   $C_2H_5OH + O_2 \longrightarrow CH_3COOH + H_2O$
2. Vom Butan C_4H_{10}
3. Methan bildet sich bei Gärungsvorgängen im Schlamm von Teichen und Sümpfen (Sumpfgas) sowie in Kohlelagern (Grubengas) und Erdöllagern (Erdgas).

Seite 93

1. $2\,(C_6H_{10}O_5)_n + n\,H_2O \longrightarrow n\,C_{12}H_{22}O_{11}$
2. $CO_2 + 2\,NH_3 \longrightarrow CO(NH_2)_2 + H_2O$

Seite 100

1. Man muß stickstoffhaltige Salze (zum Beispiel Nitrate) zugeben, denn die Holzzuckerwürze enthält nur stickstofffreie Kohlenhydrate.

2. Kupfer- und Viskoseseide bestehen aus reiner Cellulose, während die Acetatseide ein Derivat der Cellulose ist (Essigsäureester).
3. Holzfreies Papier ist lichtbeständig, während holzhaltiges vergilbt.

Seite 105

1. Siehe Text.
2. $CH_2{=}CH{-}COOCH_3$

Seite 107

1. Esterasen beeinflussen die Bildung oder Verseifung von Estern. Peptidasen spalten Peptidbindungen.
2. *Beispiel:* Hefepreßsaft bewirkt in Zuckerlösungen alkoholische Gärung (siehe Kapitel »Alkoholische Gärung«).

Seite 109

1. Hormone gelangen im allgemeinen auf dem Blutweg an die Orte ihrer Wirksamkeit, während Enzyme dort gebildet werden, wo sie der Organismus benötigt.
2. Glykogen ist tierische Stärke. Glukagon ist ein Hormon der Bauchspeicheldrüse.
3. *Beispiel:* Insulin

Seite 113

1. Vitamin C, das in vielen Gemüsen vorkommt, ist hitzeempfindlich und wird beim Kochen schnell zerstört.
2. Siehe Tabelle 11
3. Siehe Tabelle 11

Tabellenanhang

Organische Chemikalien

Name	Formel	Aussehen	Gefährlichkeit	Besondere Bemerkungen
Aminobenzol (Anilin)	$C_6H_5NH_2$	braune Flüssigkeit infolge Verunreinigung	+ +	– –
Äthanol (Äthylalkohol)	C_2H_5OH	farblose Flüssigkeit	0 f	für die meisten Zwecke genügt Brennspiritus (durch Vergällungsmittel giftig); in einigen Fällen (Kosmetika) ist unvergällter Alkohol (Weingeist) zu verwenden
Äthansäure (Essigsäure)	CH_3COOH	farblose Flüssigkeit	+	Im allgemeinen reicht Essigessenz aus, nur in einigen Fällen brauchen wir reine Essigsäure (Eisessig), die übrigens stark ätzend wirkt
Äthyläther (Äther)	$C_2H_5–O–C_2H_5$	farblose Flüssigkeit	+ fff	siedet schon bei 34,6 °C, äußerst leicht entflammbar, beim Stehen unter Lichteinwirkung Bildung höchst explosiver Peroxide, nur sehr kleine Mengen aufbewahren (braune Flaschen, Kork mit Al-Folie umwickeln)
Azeton (Propanon)	CH_3COCH_3	farblose Flüssigkeit	0 ff	sehr wichtiges Lösungsmittel, gut verkorkt und kühl lagern
Benzaldehyd	C_6H_5CHO	farblose Flüssigkeit, Geruch nach bitteren Mandeln	0	käufliches Bittermandelaroma als Ersatz
Benzin	– –	farblose Flüssigkeit	+ ff	Feuerzeugbenzin verwendbar
Benzol	C_6H_6	farblose Flüssigkeit	+ + ff	unter gutem Verschluß aufzubewahren, erstarrt bei + 5 °C.
Benzoesäure (Benzolkarbonsäure)	C_6H_5COOH	w. P.	+	als mildes Desinfektionsmittel leicht erhältlich
Blumenblau (Anthocyan)	– –	blauviolette Lösung	0	nützlicher Indikator, der aus fein zerschnittenem Rotkohl durch Übergießen mit Brennspiritus und längerem Stehen herausgelöst wird (filtrieren, braune Flasche); neutral: schwach blau-grün, sauer: zunehmende Rötung, alkalisch: zunehmend gelb-grün
Butanol (Butylalkohol)	C_4H_9OH	farblose Flüssigkeit	0	– –

Name	Formel	Aussehen	Gefährlichkeit	Besondere Bemerkungen
Butansäure (Buttersäure)	C_3H_7COOH	Flüssigkeit, unangenehmer Geruch	0	– –
Glucose (Traubenzucker)	$C_6H_{12}O_6$	w. P.	0	– –
Glyzerin (Propantriol)	$C_3H_5(OH)_3$	ölige Flüssigkeit	0	– –
Harnstoff	$CO(NH_2)_2$	w. P.	0	durch Harnstoffdünger ersetzbar
Indigo	$C_{16}H_{10}O_2N_2$	blauer Farbstoff	0	in Färbereien zu beziehen
(Isopropanol (Isopropylalkohol)	C_3H_7OH	farblose Flüssigkeit	0 f	kann reines Äthanol in Kosmetika ersetzen; Lösungsmittel mit ähnlichen Eigenschaften wie Äthanol
Isobutanol (Isobutylalkohol)	C_4H_9OH	farblose Flüssigkeit	0 f	– –
Isopentanol (Isoamylalkohol)	$C_5H_{11}OH$	farblose Flüssigkeit	0 f	auch als Gärungsamylalkohol bekannt
Kampfer	$C_{10}H_{16}O$	weiße Brocken, durchdringender Geruch	0	in Apotheken leicht erhältlich
Kollodiumlösung	– –	zähflüssige Lösung, leicht eindunstend	0 ff	in Apotheken erhältlich
Lackmus	– –	Tinktur und getränkte Papiere	0	Indikator: neutral: violett sauer: rot alkalisch: blau
Methanal (Formaldehyd, Formalin)	HCHO	Lösung von gasförmigem Methanal in H_2O (maximal 40%)	+	(für Kunststoffversuche größere Mengen anschaffen, Neigung zur Polymerisation)
Methanol (Methylalkohol)	CH_3OH	farblose Flüssigkeit	+ + f	als Brennmethanol in Drogerien erhältlich, wegen Giftigkeit nur kleine Mengen anschaffen, gut kennzeichnen
Methansäure (Ameisensäure)	HCOOH	farblose Flüssigkeit, stechender Geruch	+	konzentrierte Methansäure wirkt stark ätzend, als Konservierungsmittel für Silofutter im Handel
Methylorange	– –	hellbraunes Pulver	0	Indikator: in alkoholischer Lösung, neutral: orange sauer: rot alkalisch: gelb

Name	Formel	Aussehen	Gefährlichkeit	Besondere Bemerkungen
Naphthalin	$C_{10}H_8$	weiße Schuppen, intensiver Geruch (Mottenkugeln)	0	– –
Oxalsäure (Äthandisäure)	$(COOH)_2$	weiße Kristalle	+	Kaliumoxalat wird zur Fleckenentfernung angeboten
Paraffin	– –	weiße Masse	0	Paraffinkerzen verwendbar
Phenol (Hydroxybenzol, Karbolsäure)	C_6H_5OH	farblose Kristalle oder Flüssigkeit mit 5% H_2O	+ +	wirkt ätzend und erzeugt starkes Brennen auf der Haut; betroffene Stellen mit Äthanol abspülen, erst danach Wasser anwenden
Phenolphthalein	– –	w. P.	+	sehr kleine Mengen in Äthanol auflösen, Indikator: sauer: farblos basisch: rot
Phthalsäure (Benzoldikarbonsäure)	$C_6H_4(COOH)_2$	w. P.	0	– –
Resorzin (1,3-Dihydroxybenzol)	$C_6H_4(OH)_2$	leicht bräunliche Kristalle	0	gut verschlossen aufheben, da durch Luftsauerstoff Bräunung
Salizylsäure (Benzolhydroxykarbonsäure)	$C_6H_4(OH)$ COOH	weiße Flocken	0	in Drogerien erhältlich
Schwefelkohlenstoff (Kohlenstoffdisulfid)	CS_2	farblose Flüssigkeit, unangenehmer Geruch	+ + ff	kleine Mengen reichen aus
Stärke	$(C_6H_{10}O_5)_n$	w. P.	0	Reisstärke oder Kartoffelmehl verwendbar
Tetrachlormethan (Tetra)	CCl_4	farblose Flüssigkeit	+	da nicht brennbar, unser wichtigstes Lösungsmittel, Tetra-Fleckenentferner verwendbar, Dämpfe giftig
Toluol (Methylbenzol)	$C_6H_5CH_3$	farblose Flüssigkeit	+ ff	– –
Universalindikator-Papier	– –	orangefarbenes Papier	0	in Heftform erhältlich (von der Firma Merck); ersetzt alle anderen Indikatoren
Weinsäure	$C_4H_8O_6$	w. P.	0	zur Bereitung von Fehlingscher Lösung wird Kalium-Natrium-Tartrat gebraucht (Seignettesalz)
Zitronensäure	$C_6H_8O_7$	farblose Kristalle	0	– –

Fraktionen des Erdöls

Destillationsbereich	Rohprodukt	Handelsprodukt	Verwendung
40– 70 °C	Rohbenzin C_5–C_9	Petroläther (= Gasolin) s = 0,65	Lösungsmittel, Fleckenwasser
70–100 °C		Leichtbenzin s = 0,70	Waschbenzin, Fettextraktion, Flugzeugbenzin
100–120 °C		Schwerbenzin s = 0,75	Treibstoff für Lastwagen
120–150 °C		Ligroin s = 0,78	»Putzöl« zur Maschinenpflege, Lösungsmittel für Harze und Lacke
150–250 °C	Rohpetroleum C_9–C_{16}	Leuchtöl (= Kerosin = Petroleum) s = 0,84	Leuchtzwecke
250–350 °C		Gasöl = Dieselöl s = 0,86	Treibstoff für Dieselmotore
350–400 °C	Rohschmieröl C_{17}–C_{30} s = 0,90–0,96	Dieselöl Heizöl	Dieselmotore, Ölfeuerungen
		Schmieröl	für Maschinenlager
		Vaseline	Salbengrundlage, Lederfett, Schmiermittel
		Paraffin	Kerzen, Isolierung, Zündholzfabrikation, Fettsäuregewinnung
über 400 °C	Rückstand C_{30}–C_{60}	Bitumen	Straßenbau
		Petrolpech	Kracken, Dachpappe
		Petrolkoks	Elektroden

Beispiele für einige Fermenttypen:

Name des Enzyms	Vorkommen	Substrat	Produkt	Umwandlung
1. Karbohydrasen – Spaltung von Kohlenhydraten				
Diastase oder Amylase	Keimende Samen, Mundspeichel, Bauchspeichel	Stärke	Maltose	$2(C_6H_{10}O_5)_n + n\,H_2O \rightarrow n\,C_{12}H_{22}O_{11}$
Maltase	Hefe, keimende Samen (Malz), Darmsaft	Maltose	Glukose	$C_{12}H_{22}O_{11} + H_2O \rightarrow 2\,C_6H_{12}O_6$
Invertase oder Saccharase	Hefe, Pflanzenzellen, Darmsaft	Saccharose	Glukose und Fruktose	$C_{12}H_{22}O_{11} + H_2O \rightarrow C_6H_{12}O_6 + C_6H_{12}O_6$
Laktase	Darmsaft	Laktose	Glukose und Galaktose	$C_{12}H_{22}O_{11} + H_2O \rightarrow C_6H_{12}O_6 + C_6H_{12}O_6$
2. Lipasen oder Esterasen – Spaltung von Fetten				
Lipase	Bauchspeichel Darmsaft	Fette	Fettsäuren und Glyzerin	z. B. $(C_3H_7COO)_3C_3H_5 + 3\,H_2O \rightarrow 3\,C_3H_7COOH + C_3H_5(OH)_3$
3. Proteasen, Spaltung von Eiweißstoffen				
Pepsin	Magen	Proteine	Peptone	Protein → Pepton
Trypsin	Bauchspeichel	Peptone	Polypeptide	Peptone → Polypeptide
Erepsin	Darmsaft	Polypeptide	Aminosäuren	Polypeptide → Aminosäuren

Namen- und Sachregister